KB175733

아이가 좋아하는 4단계 초등연산

덧셈·뺄셈

3

동양북스

아이가 좋아하는 4단계 초등연산

덧셈·뺄셈 3

| 초판 1쇄 인쇄 2022년 5월 23일
| 초판 1쇄 발행 2022년 6월 2일
| 발행인 김태웅
| 지은이 초등 수학 교육 연구소 〈수학을 좋아하는 아이〉
| 편집1팀장 황준
| 디자인 syoung.k
| 마케팅 나재승, 박종원
| 제작 현대순
| 발행처 (주)동양북스
| 등록 제 2014-000055호
| 주소 서울시 마포구 동교로 22길 14 (04030)
| 구입문의 전화 (02)337-1737 팩스 (02)334-6624
| 내용문의 전화 (02)337-1763 이메일 dybooks2@gmail.com
| ISBN 979-11-5768-362-8(64410) 979-11-5768-356-7 (세트)

선행학습, 심화학습에는 관심을 많이 가지지만 연산 학습의 중요성을 심각하게 고려하는 학부모는 상대적으로 많지 않습니다. 하지만 초등수학의 연산 학습은 너무나 중요합니다. 중·고등 수학으로 나아가기 위한 기초가 되기 때문입니다. 더하기, 빼기를 할 수 있어야 곱하기, 나누기를 할 수 있는 것처럼 수학은 하나의 개념을 숙지해야 다음 단계의 개념으로 나갈 수 있는 학문입니다. 연산 능력이 부족하면 복잡해지는 중·고등 과정의 수학 학습에 대응하기 힘들어져 결국에는 수학을 어려워하게 되는 것입니다.

"수학은 연산이라는 기초공사를 튼튼히 하는 것이 중요합니다."

그러면 어떻게 해야 아이들이 연산을 좋아하고 잘할 수 있을까요? 다음과 같이 하는 것이 중요합니다.

하나, 아이에게 연산은 시행착오를 겪는 과정을 통해서 개념과 원리를 익히는 결코 쉽지 않은 과정입니다. 따라서 쉬운 문제부터 고난도 문제까지 차근히 실력을 쌓아가는 것이 가장 좋습니다.

둘, 문제의 양이 많은 드릴 형식의 연산 문제집은 중도에 포기하기 쉽습니다. 또한 비슷하거나 어려운 문제들만 나오는 문제집도 연산을 지겹게 만들 수 있습니다. 창의적이고 재미있는 문제를 풀어야 합니다.

셋, 초등수학은 연산 학습이 80%에 이릅니다. 사칙연산 그리고 혼합계산에 이르기까지 초등수학의 대부분이 주로 수와 연산을 다룹니다. 따라서 연산 학습의 효과가 학교 수업과 이어질 수 있도록 교과 연계 맞춤 학습을 하는 것이 좋습니다.

"덧셈, 뺄셈, 곱셈, 나눗셈, 분수, 소수 단기간에 완성"

아이가 좋아하는 가장 쉬운 초등 연산은 위와 같은 방식으로 초등 연산을 총정리하는 연산 문제집입니다. 경직된 학습이 아닌 즐거운 유형 연습을 통해 직관력, 정확도, 연산 속도를 향상시키도록 돕습니다. 무엇보다 초등수학 학습에 있어서 가장 중요한 것은 '흥미'와 '자신감'입니다. 이 책의 4단계 학습을 통해 공부하면 헷갈렸던 연산이 정리되고 계산 속도가 빨라지면서 수학에 대한 흥미와 자신감이 생기게 될 것입니다.

| 체계적인 4단계 연산 훈련

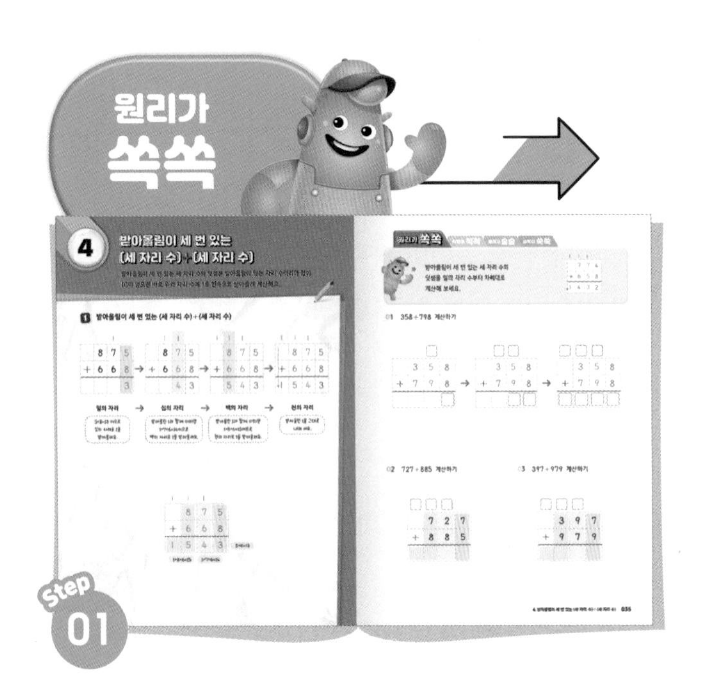

재미있고 친절한 설명으로 원리와 개념을 배우고,
그대로 따라해 보며 원리를 확실하게 이해할 수 있어요.

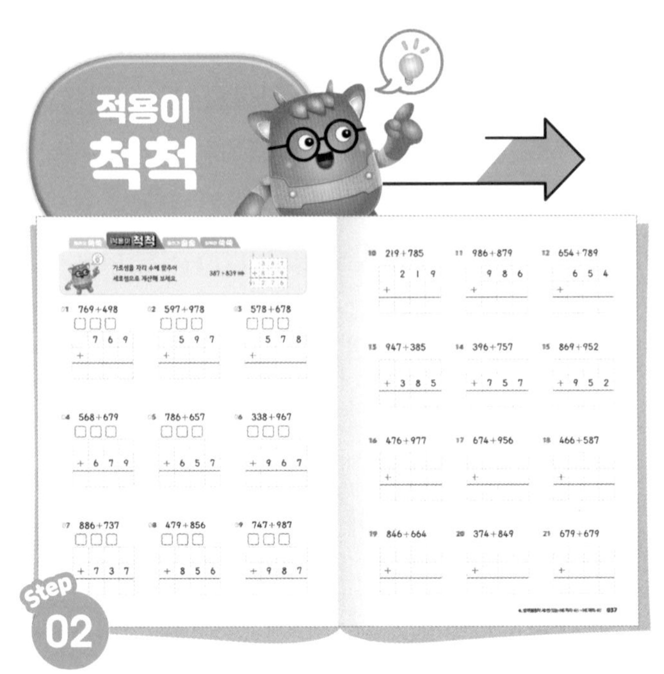

학습한 원리를 적용하는 다양한 방식을 배우며
연산 훈련의 기본을 다질 수 있어요.

| 연산의 활용

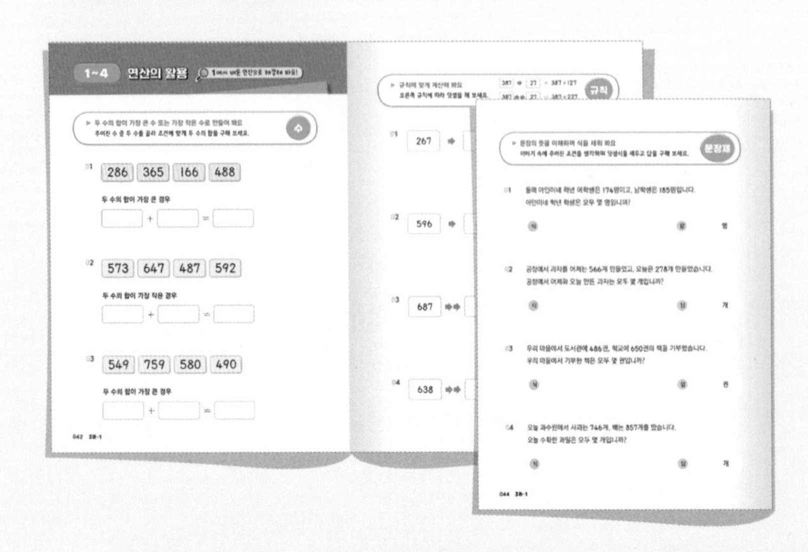

한 단계 실력 up!

4단계 훈련을 통한 연산 실력을
확인하고 활용해 볼 수 있는
수, 규칙, 문장제 구성으로 복습과 함께
완벽한 마무리를 할 수 있어요.

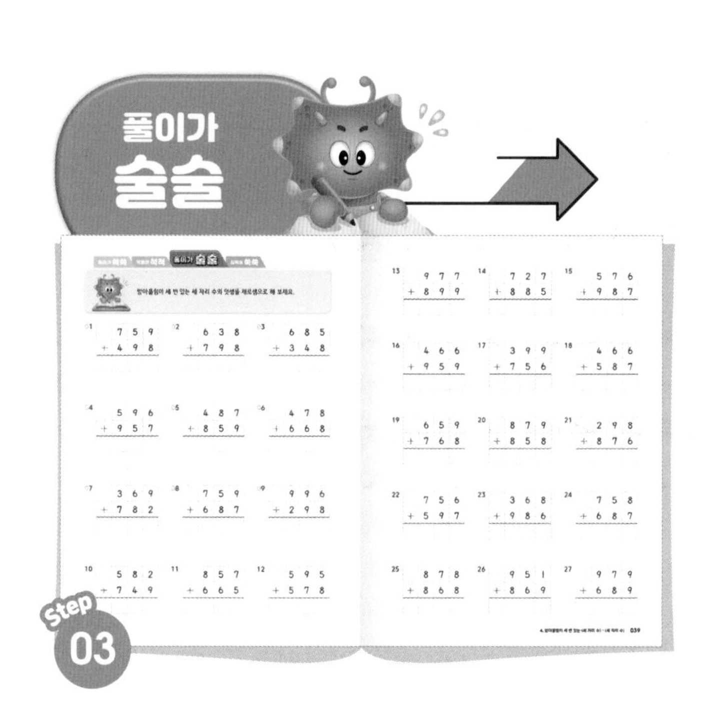

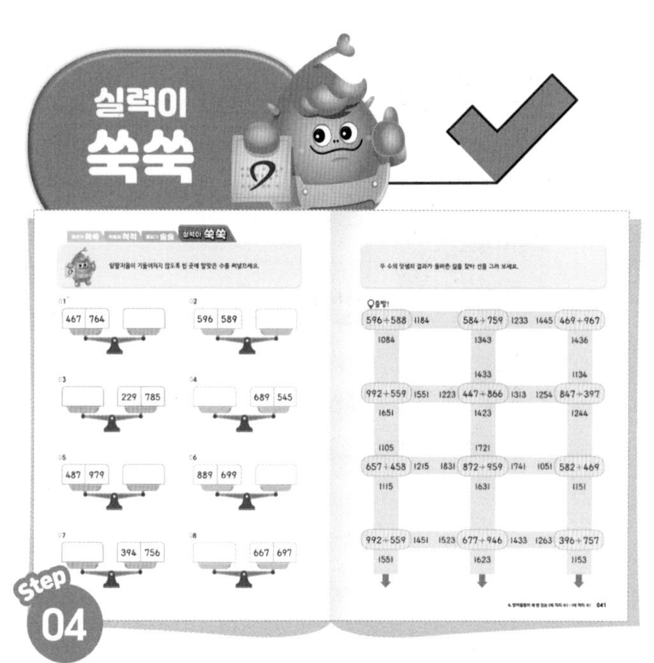

탄탄한 원리 학습을 마치면 드릴 형식의 연산 문제도 지루하지 않고 쉽게 풀 수 있어요.

다양한 형태의 문제들을 접하며 연산 실력을 높이고 사고력도 함께 키울 수 있어요.

| 이렇게 학습 계획을 세워 보세요!

하루에 푸는 양을 다음과 같이 구성하여 풀어 보세요.

4주 완성

- 1day 원리가 쏙쏙, 적용이 척척
- 1day 풀이가 술술, 실력이 쑥쑥
- 1day 연산의 활용

6주 완성

- 1day 원리가 쏙쏙, 적용이 척척
- 1day 풀이가 술술
- 1day 실력이 쑥쑥
- 1day 연산의 활용

1 세 자리 수의 덧셈

2 세 자리 수의 뺄셈

3 세 수의 덧셈과 뺄셈

4 시간의 합과 차

왜 숫자는 아름다운 걸까요?

이것은 베토벤 9번 교향곡이 왜 아름다운지 묻는 것과 같습니다.

- 폴 에르되시 -

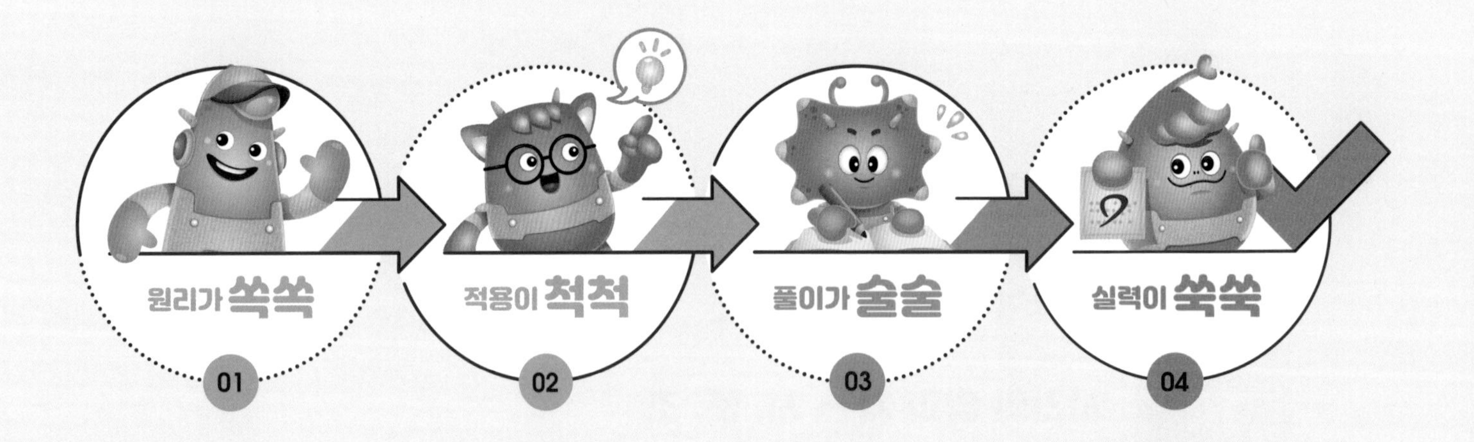
원리가 쏙쏙
01
적용이 척척
02
풀이가 술술
03
실력이 쑥쑥
04

1

세 자리 수의 덧셈

받아올림이 없는 (세 자리 수)+(세 자리 수)

받아올림이 없는 세 자리 수끼리의 덧셈은 자리 수를 맞추어 쓴 후에 같은 자리 수끼리 더해요.

1 받아올림이 없는 (세 자리 수)+(세 자리 수)

	2	1	3
+	1	5	2
			5

→

	2	1	3
+	1	5	2
		6	5

→

	2	1	3
+	1	5	2
	3	6	5

일의 자리 → 십의 자리 → 백의 자리

자리 수가 낮은 순서부터 차례대로 같은 자리 수끼리 더해요.

$213 + 152 = 365$

받아올림이 없는 세 자리 수의 덧셈을 일의 자리 수부터 차례대로 계산해 보세요.

	5	0	2
+	3	6	5
			7

→

	5	0	2
+	3	6	5
		6	7

→

	5	0	2
+	3	6	5
	8	6	7

01 321+5 계산하기

	3	2	1
+			5

02 242+36 계산하기

	2	4	2
+		3	6

03 500+300 계산하기

	5	0	0
+	3	0	0

04 428+251 계산하기

	4	2	8
+	2	5	1

가로셈을 자리 수에 맞추어
세로셈으로 계산해 보세요.

504+210 ➡

	5	0	4
+	2	1	0
	7	1	4

01 314+2

	3	1	4
+			

02 400+20

	4	0	0
+			

03 231+608

	2	3	1
+			

04 264+3

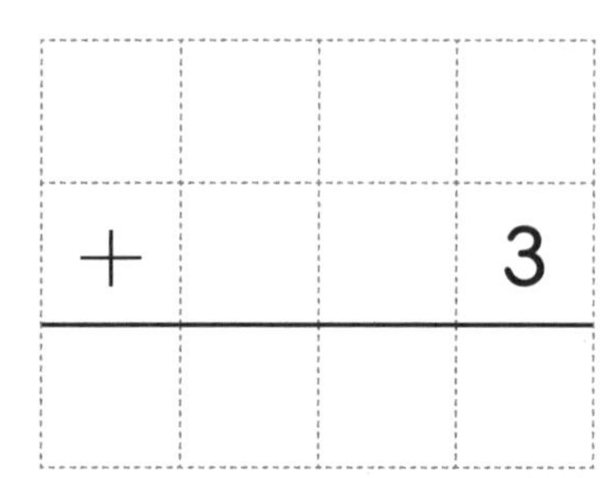

+			3

05 500+30

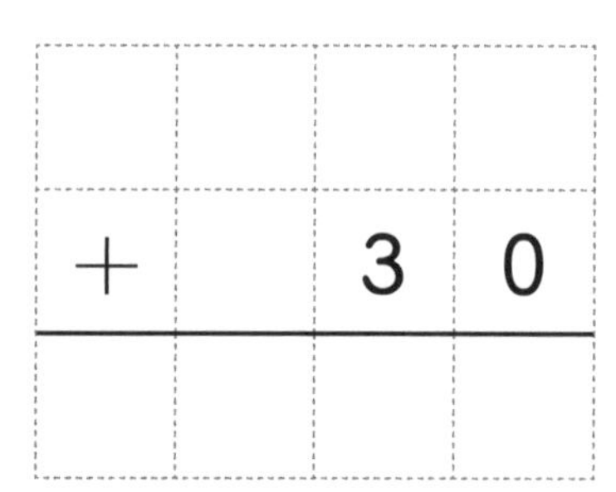

+		3	0

06 170+323

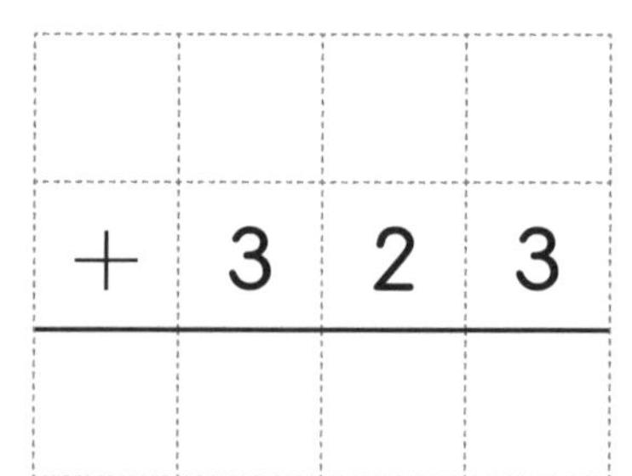

+	3	2	3

07 157+40

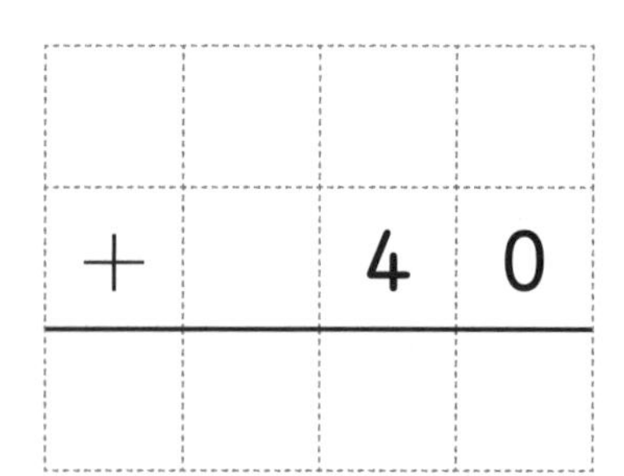

+		4	0

08 548+51

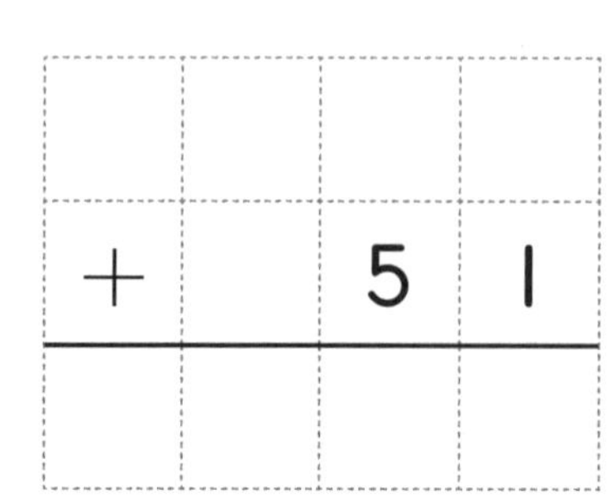

+		5	1

09 382+116

+	1	1	6

10 503+113

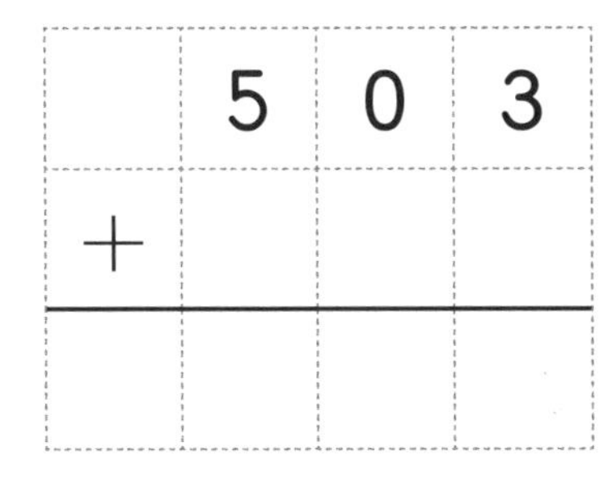

11 486+310

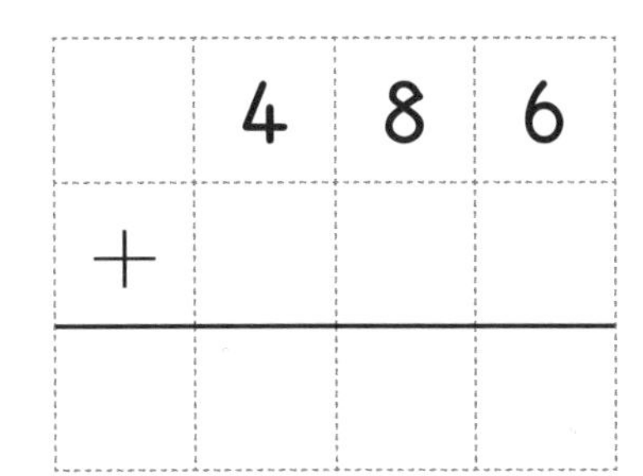

12 204+502

	2	0	4
+			

13 481+214

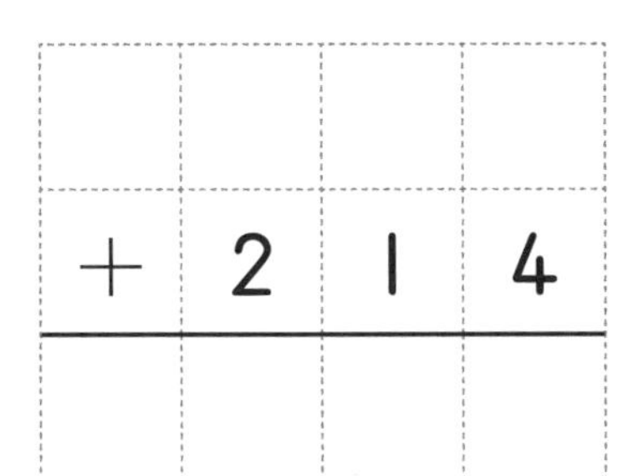

14 322+473

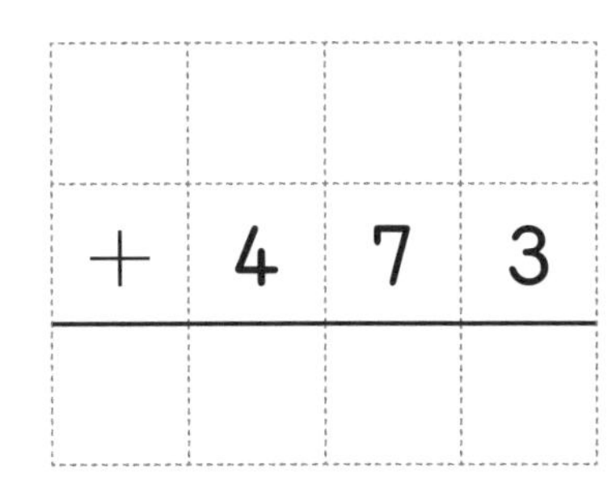

15 663+131

+	1	3	1

16 223+362

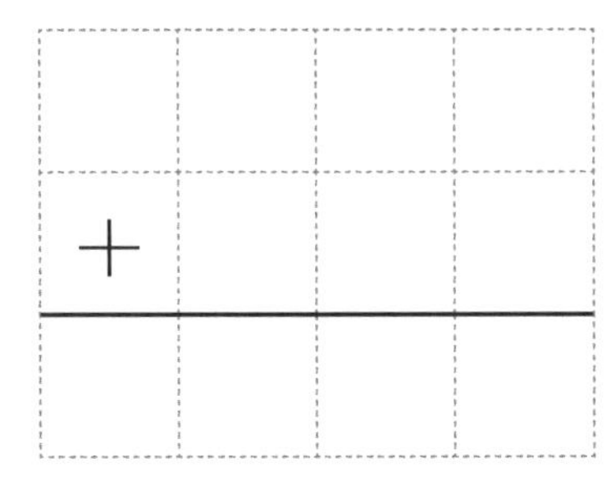

17 360+130

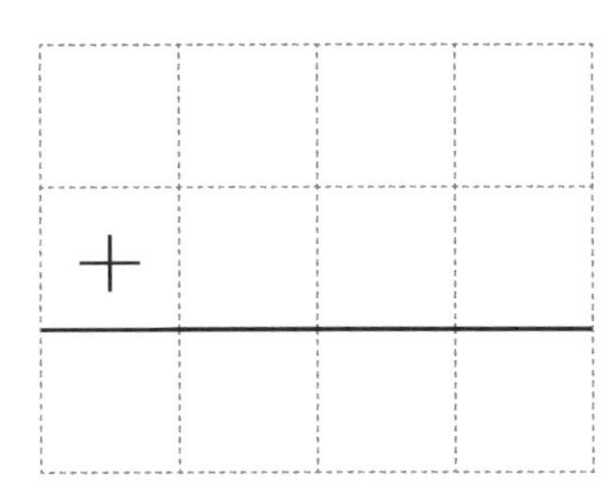

18 513+116

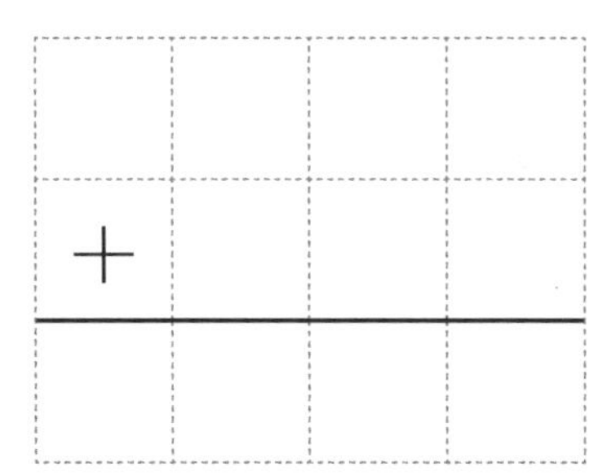

19 122+672

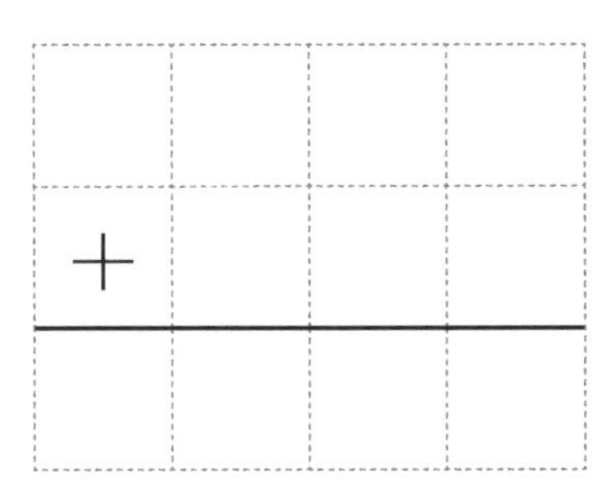

20 461+428

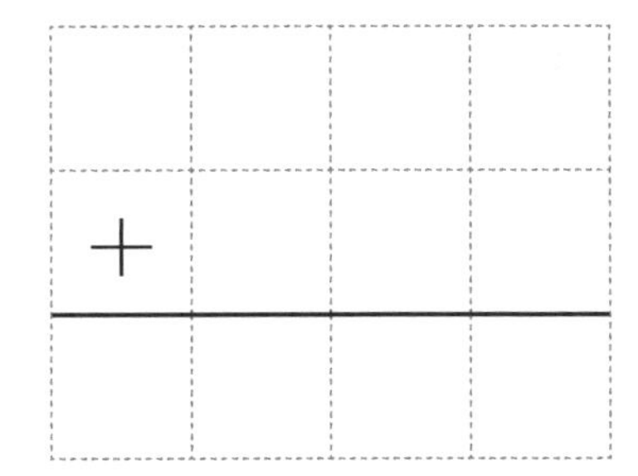

21 781+118

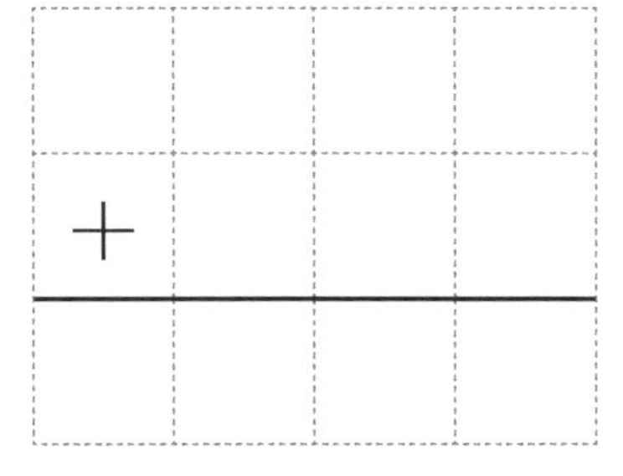

받아올림이 없는 세 자리 수의 덧셈을 세로셈으로 해 보세요.

	1	2	6
+	1	1	2
	2	3	8

01

	1	1	4
+	1	2	3

02

	4	9	9
+	2	0	0

03

	6	6	4
+	2	2	2

04

	4	6	1
+	3	2	5

05

	2	0	1
+	4	7	3

06

	8	1	2
+	1	5	7

07

	7	9	0
+	1	0	3

08

	4	6	3
+	5	1	3

09

	3	6	1
+	2	3	7

10

	2	9	1
+	5	0	7

11

	2	2	6
+	6	7	3

12

	6	1	4
+	1	4	5

받아올림이 없는 세 자리 수의 덧셈을
가로셈으로 해 보세요.

$214 + 135 = 349$ (1+3, 2+1, 4+5)

01 $214+252=$

02 $323+401=$

03 $228+360=$

04 $107+420=$

05 $333+166=$

06 $613+143=$

07 $413+521=$

08 $312+376=$

09 $421+415=$

10 $426+332=$

11 $524+244=$

12 $513+432=$

13 $252+337=$

14 $454+245=$

받아올림이 없는 세 자리 수의 덧셈을 가로셈과 세로셈으로 해 보세요.

01

	345	
217	451	

217+451

345+451

02

	443	
630	244	

03

	511	
101	356	

04

	131	
104	764	

05

	246	
559	330	

받아올림이 없는 세 자리의 덧셈을 하여 빈 곳에 알맞은 수를 써넣으세요.

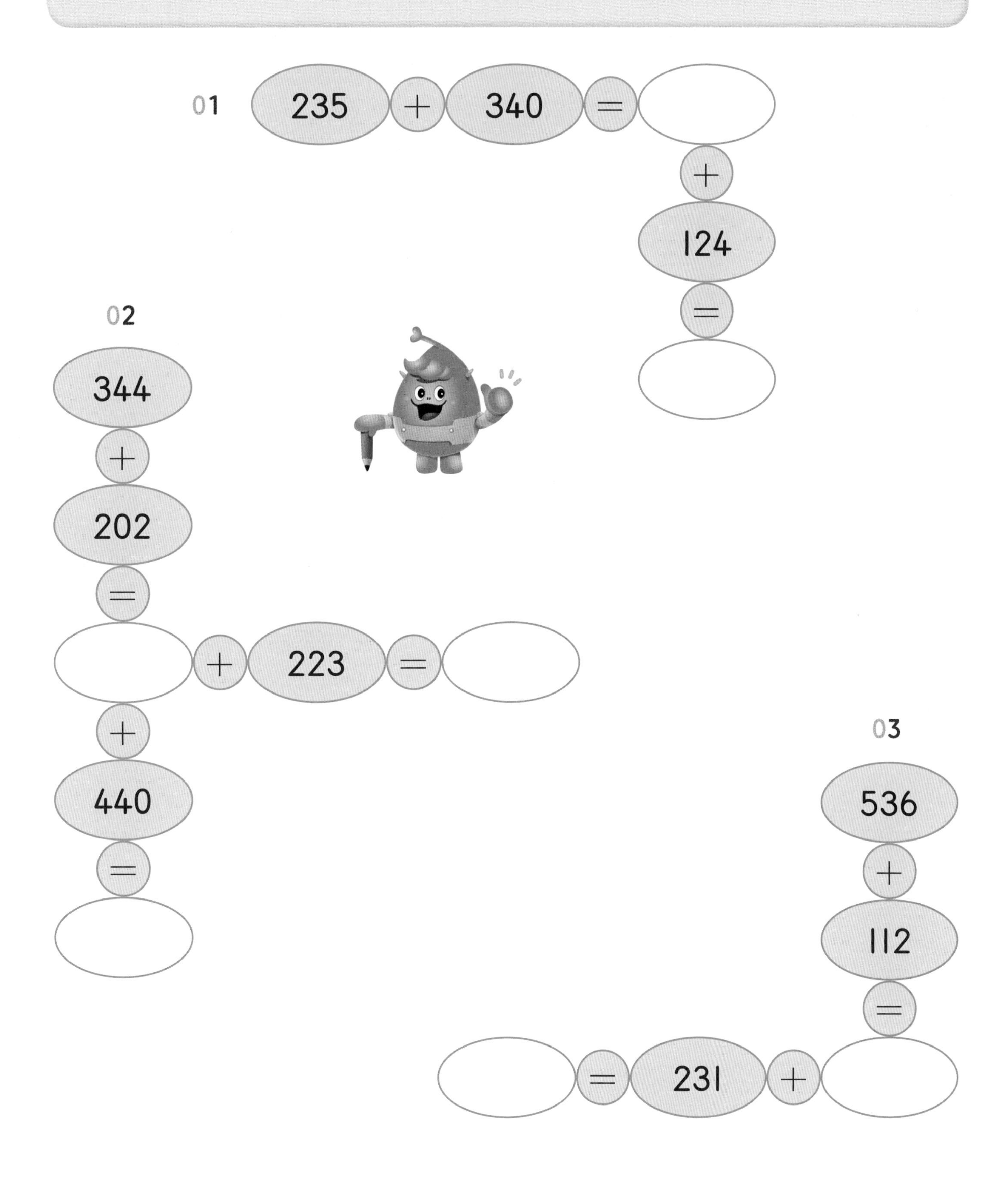

받아올림이 한 번 있는 (세 자리 수)+(세 자리 수)

받아올림이 한 번 있는 세 자리 수의 덧셈은 받아올림이 있는 자리 수끼리의 합이 10이 넘으면 바로 위의 자리 수에 1로 받아올려 계산해요.

1 받아올림이 일의 자리 또는 십의 자리에서 한 번 있는 경우

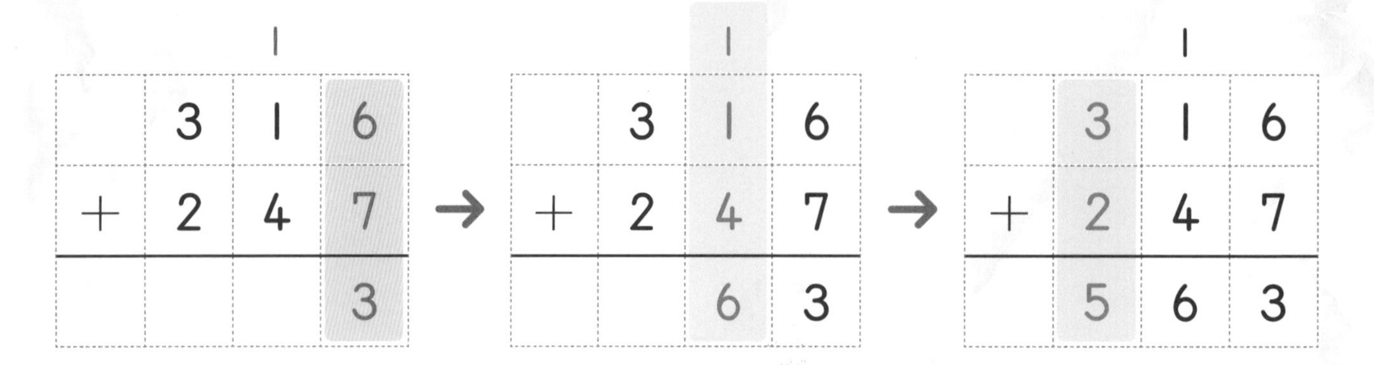

일의 자리 → 십의 자리 → 백의 자리

6+7=13 이므로 십의 자리로 1을 받아올려요.

받아올린 1과 함께 더해요. 1+1+4=6

3+2=5

2 받아올림이 백의 자리에서 한 번 있는 경우

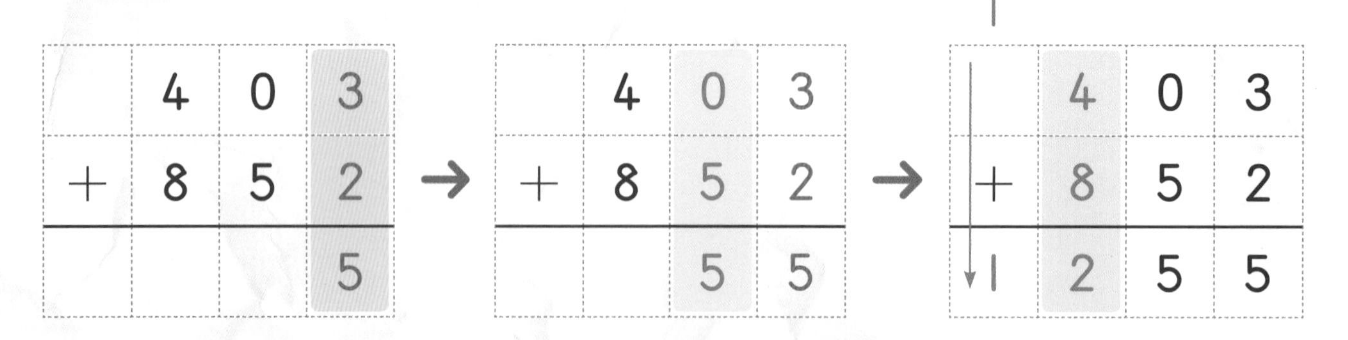

일의 자리 → 십의 자리 → 백의 자리, 천의 자리

3+2=5

0+5=5

4+8=12이므로 천의 자리로 1을 받아올리고 1을 그대로 내려 써요.

원리가 쏙쏙 | 적용이 척척 | 풀이가 술술 | 실력이 쑥쑥

받아올림이 한 번 있는 세 자리 수의 덧셈을 일의 자리 수부터 차례대로 계산해 보세요.

	1		
	3	2	7
+	2	6	6
	5	9	3

	1		
	4	7	4
+	1	8	5
	6	5	9

1			
	5	7	5
+	8	1	4
1	3	8	9

01 219+434 계산하기

		□	
	2	1	9
+	4	3	4

02 143+585 계산하기

	□		
	1	4	3
+	5	8	5

03 830+568 계산하기

□			
	8	3	0
+	5	6	8

04 552+536 계산하기

□			
	5	5	2
+	5	3	6

가로셈을 자리 수에 맞추어
세로셈으로 계산해 보세요.

328+438 ➡

	1		
	3	2	8
+	4	3	8
	7	6	6

01 166+319

	1	6	6
+			

02 262+365

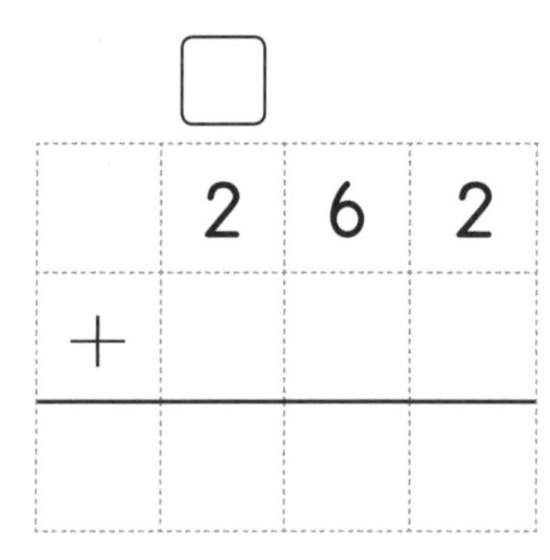

03 235+528

	2	3	5
+			

04 475+363

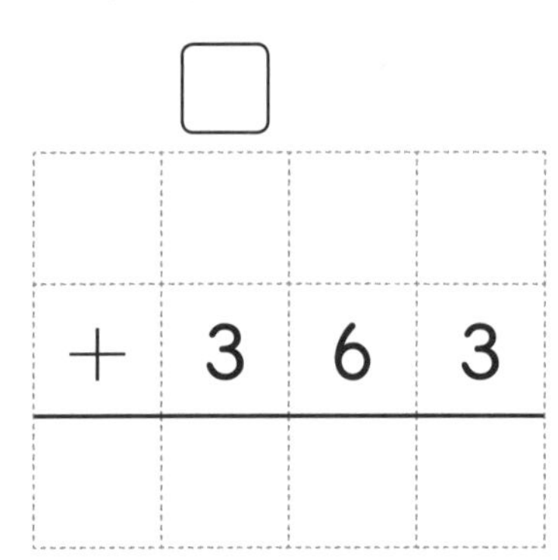

05 362+925

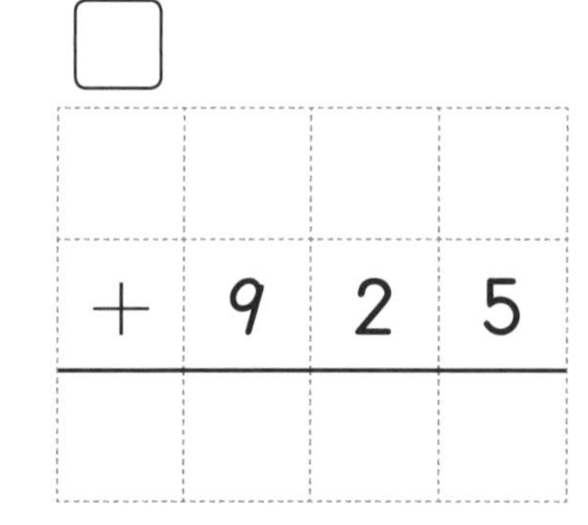

06 653+184

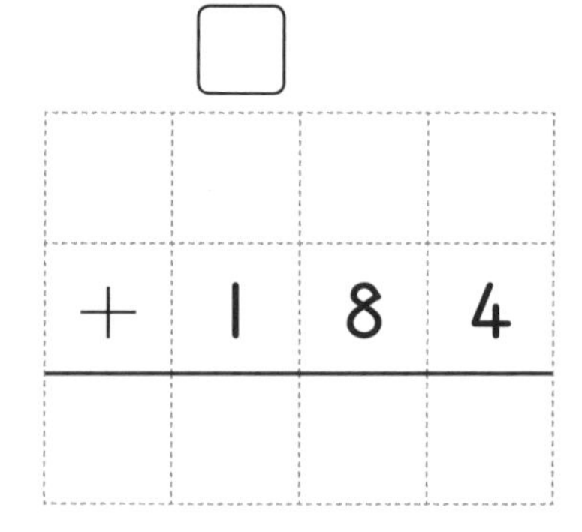

07 539+247

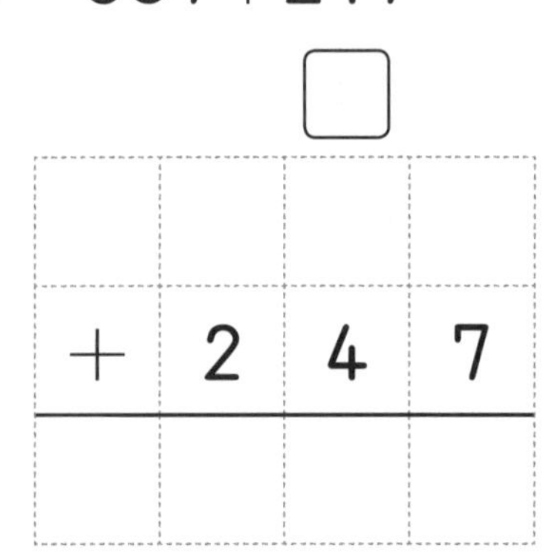

08 372+365

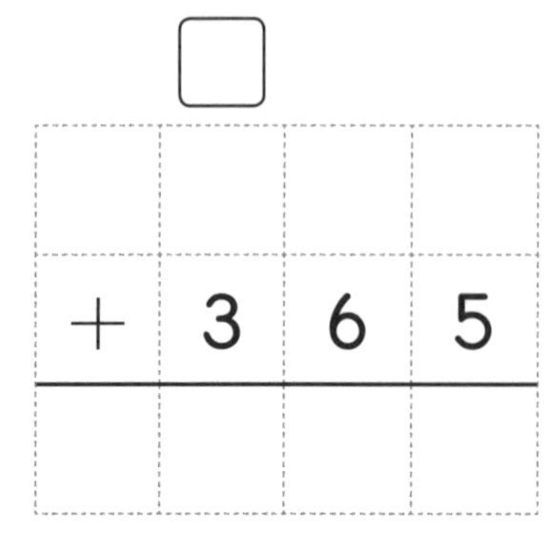

09 623+259

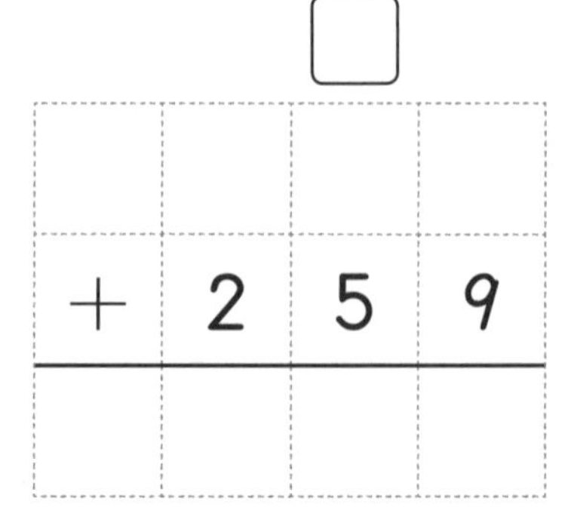

10 429+539

	4	2	9
+			

11 472+255

	4	7	2
+			

12 274+925

	2	7	4
+			

13 506+389

+	3	8	9

14 255+184

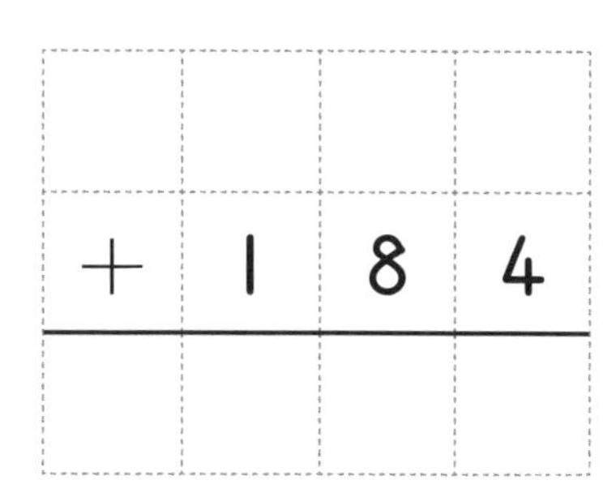

15 542+526

+	5	2	6

16 153+273

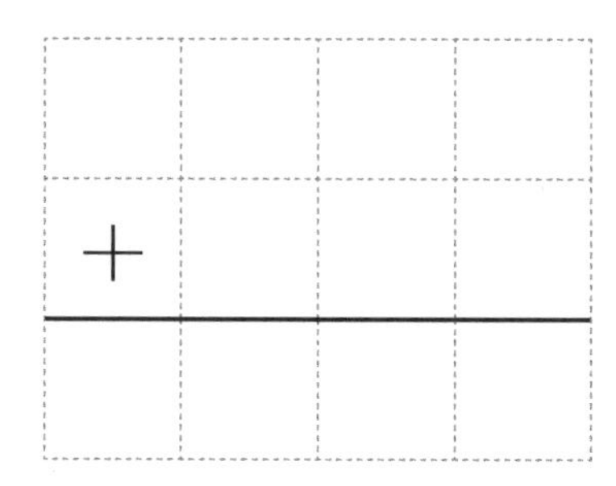

17 429+437

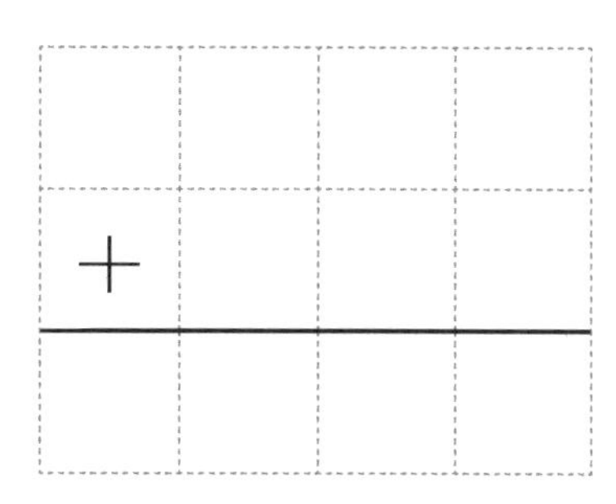

18 693+273

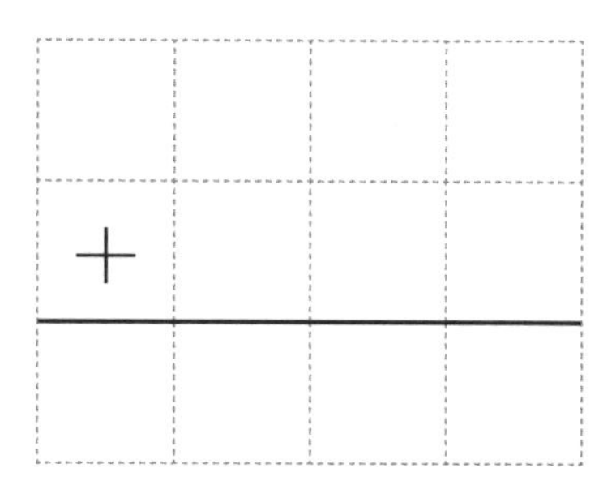

19 366+921

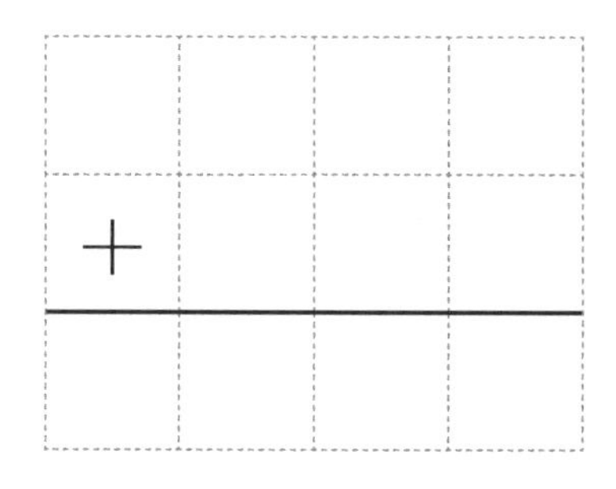

20 774+184

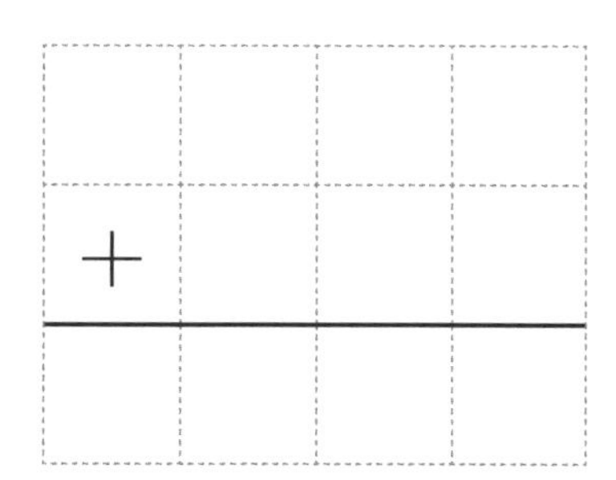

21 645+128

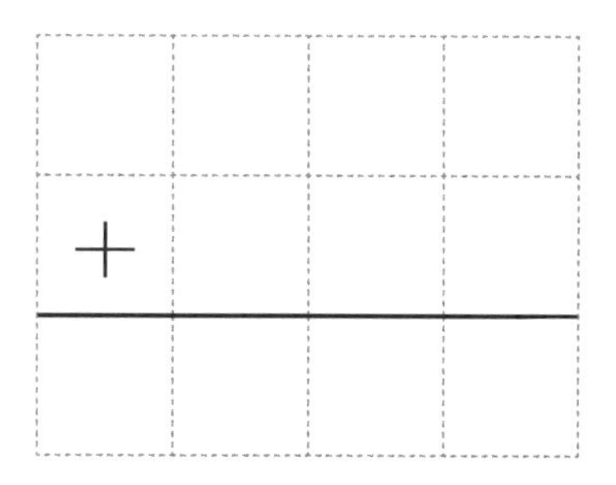

받아올림이 한 번 있는 세 자리 수의 덧셈을 세로셈으로 해 보세요.

01

	2	8	5
+	1	5	2

02

	4	7	1
+	2	3	5

03

	3	3	2
+	1	8	6

04

	1	0	5
+	2	4	9

05

	4	7	4
+	9	2	3

06

	2	9	4
+	3	4	5

07

	6	3	7
+	3	0	3

08

	4	6	6
+	2	5	1

09

	5	4	2
+	5	1	3

10

	4	3	9
+	3	2	7

11

	5	1	9
+	3	6	9

12

	2	6	4
+	4	6	3

받아올림이 한 번 있는 세 자리 수의 덧셈을 가로셈으로 해 보세요.

01 $7\overset{1}{1}6+275=$

02 $\overset{1}{4}77+152=$

03 $124+708=$

04 $557+218=$

05 $466+229=$

06 $634+194=$

07 $469+208=$

08 $376+711=$

09 $459+539=$

10 $351+575=$

11 $745+850=$

12 $295+681=$

13 $534+643=$

14 $403+856=$

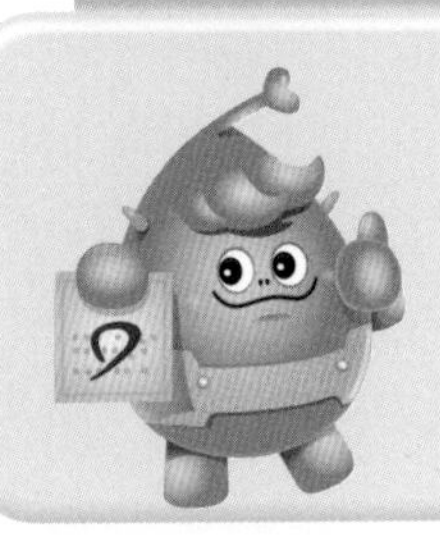

사다리를 타고 내려오며 덧셈을 하여 알맞은 수를 구해 보세요.

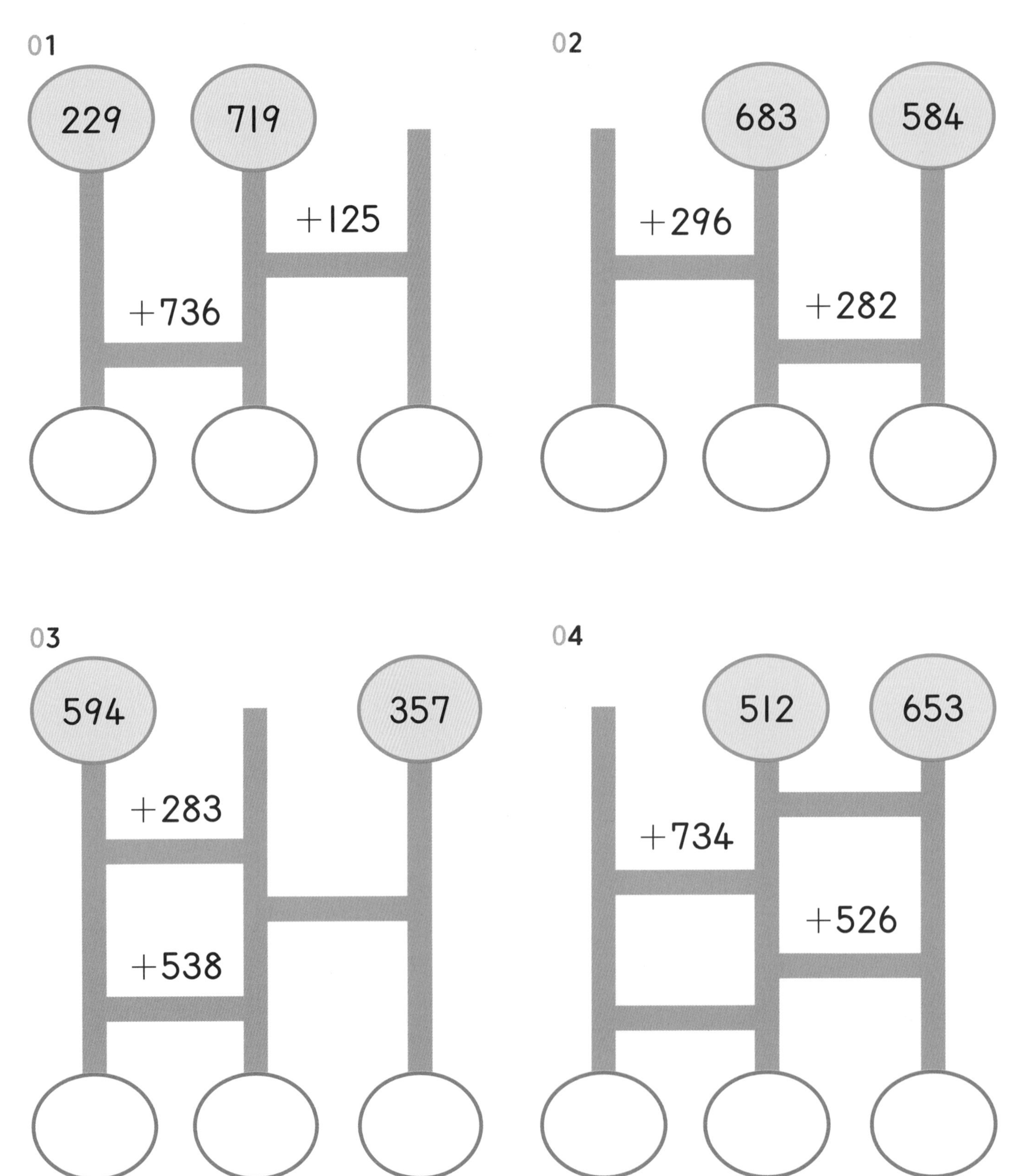

두 수의 합이 동물들이 들고 있는 수가 되도록
두 수를 묶어 보세요.

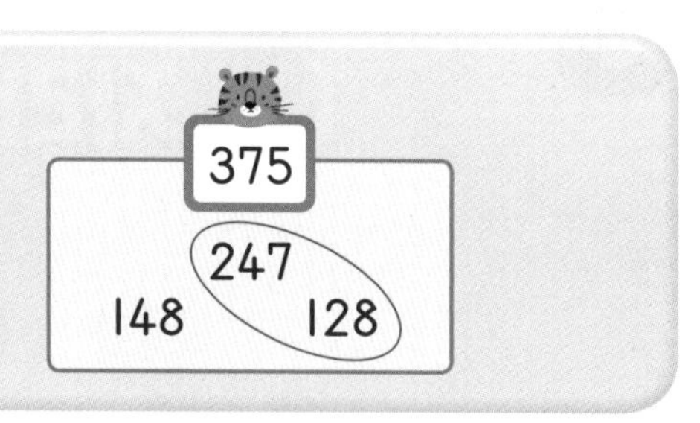

01

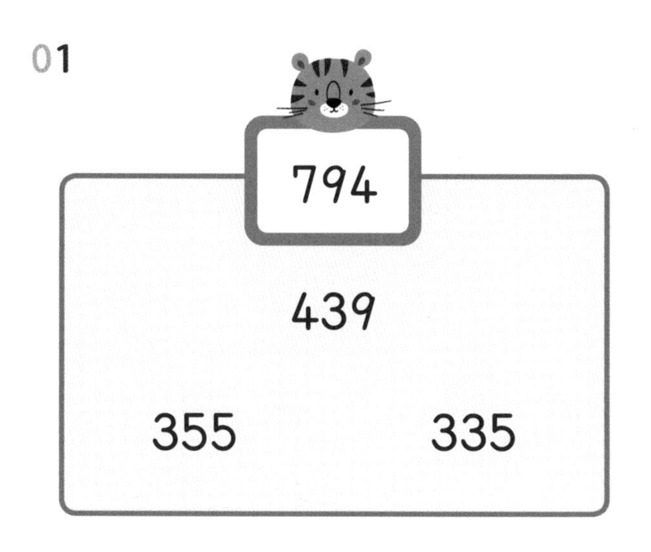

02

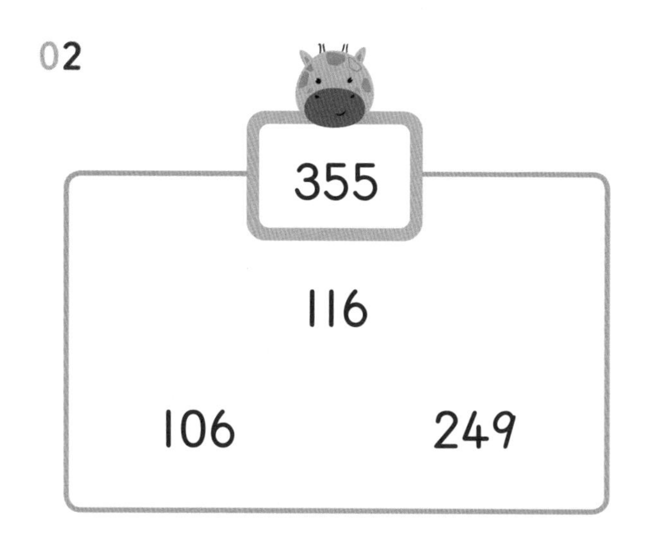

03

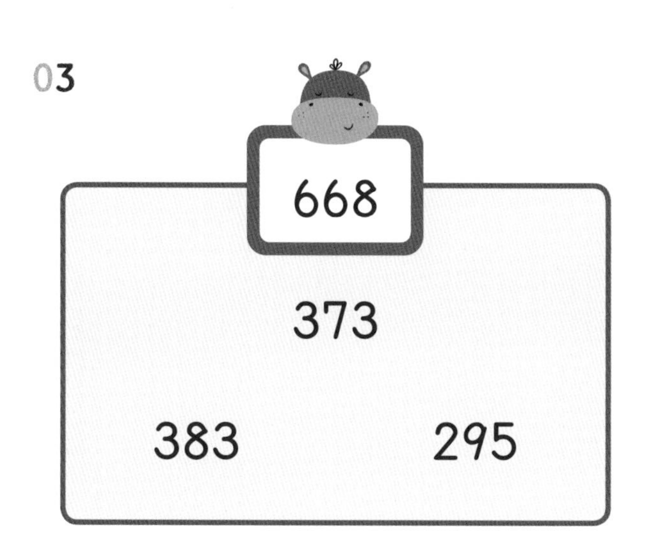

04

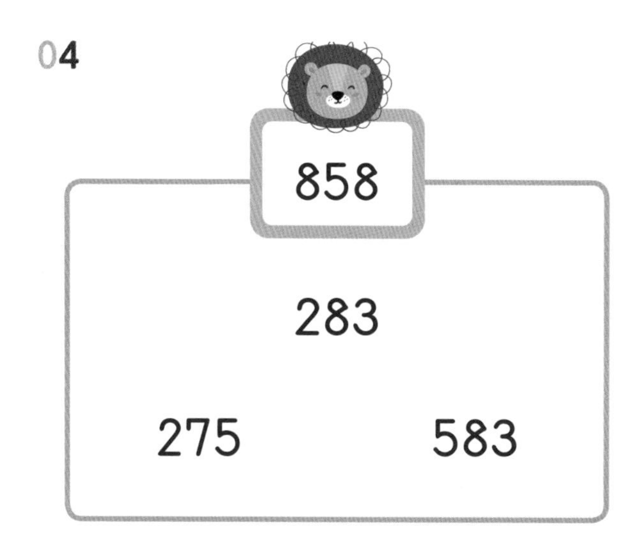

05

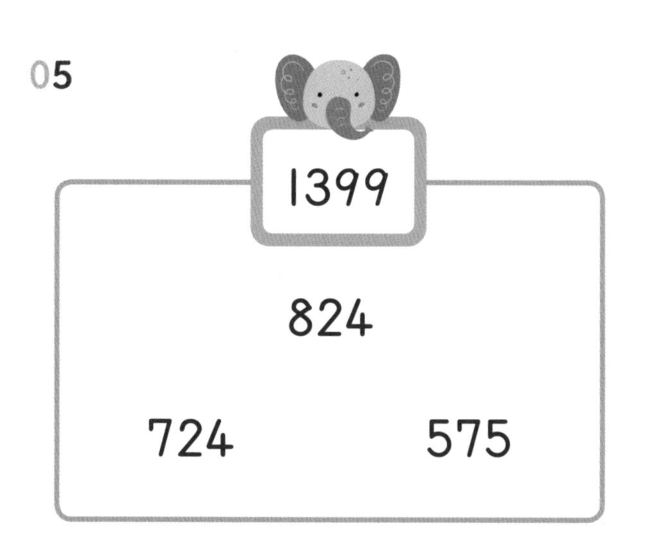

06

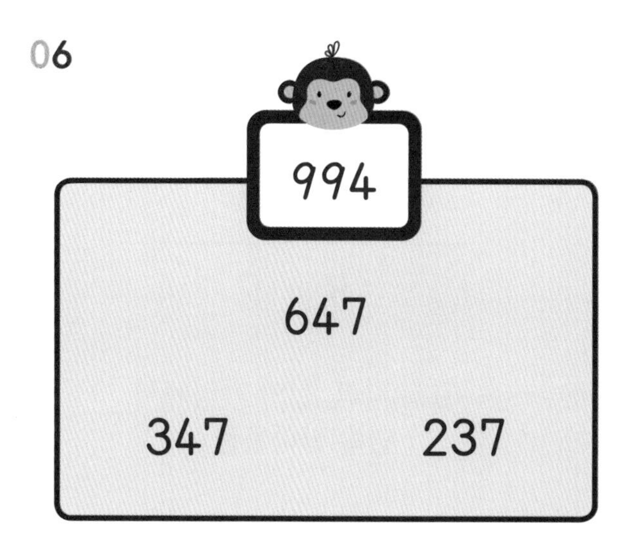

받아올림이 두 번 있는 (세 자리 수)+(세 자리 수)

받아올림이 두 번 있는 세 자리의 덧셈은 받아올림이 있는 자리 수의 합이 10이 넘으면 바로 위의 자리 수에 1로 각각 받아올려 계산해요.

1 받아올림이 일의 자리와 백의 자리에서 각각 있는 경우

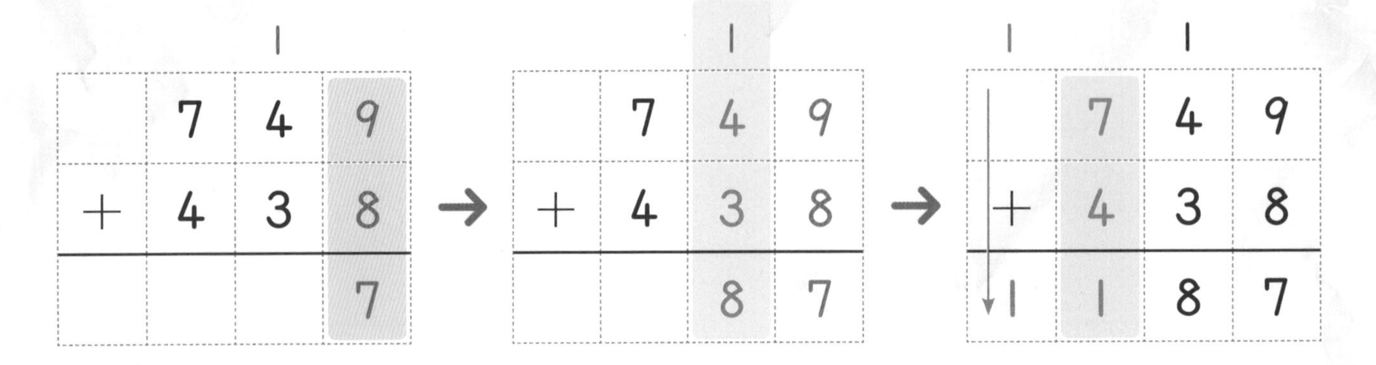

일의 자리 → **십의 자리** → **백의 자리, 천의 자리**

9+8=17 이므로 십의 자리로 1을 받아올려요.

받아올린 1과 함께 더해요. 1+4+3=8

7+4=11이므로 천의 자리로 1을 받아올리고 1을 그대로 내려 써요.

2 받아올림이 연속으로 두 번 있는 경우

	1	1	
	2	7	7
+	6	4	7
	9	2	4

일의 자리, 십의 자리에서 연속 받아올림

1	1		
	4	5	6
+	6	8	3
1	1	3	9

십의 자리, 백의 자리에서 연속 받아올림

받아올림이 두 번 있는 세 자리 수의 덧셈을 일의 자리 수부터 차례대로 계산해 보세요.

	1		1
	5	3	7
+	9	3	7
1	4	7	4

		1	1
	3	4	9
+	4	7	9
	8	2	8

	1	1	
	3	7	0
+	9	8	5
1	3	5	5

01 463+807 계산하기

□		□	
	4	6	3
+	8	0	7

02 228+867 계산하기

□		□	
	2	2	8
+	8	6	7

03 129+798 계산하기

	□	□	
	1	2	9
+	7	9	8

04 850+172 계산하기

□	□		
	8	5	0
+	1	7	2

가로셈을 자리 수에 맞추어
세로셈으로 계산해 보세요.

574+389 ➡

	1	1	
	5	7	4
+	3	8	9
	9	6	3

01 297+435

	2	9	7
+			

02 339+285

	3	3	9
+			

03 359+487

	3	5	9
+			

04 686+860

+	8	6	0

05 218+876

+	8	7	6

06 719+656

+	6	5	6

07 450+763

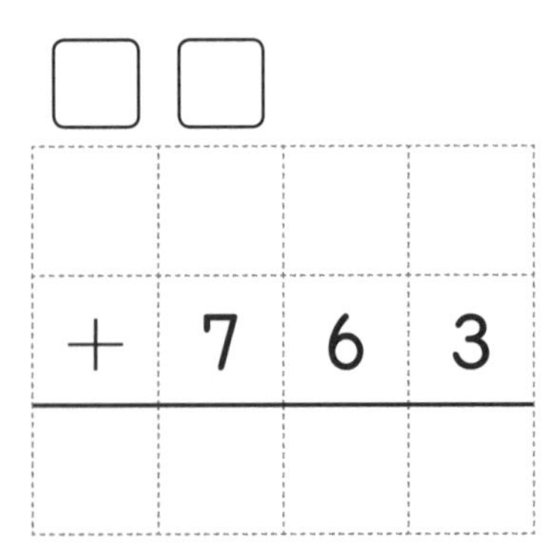

+	7	6	3

08 829+514

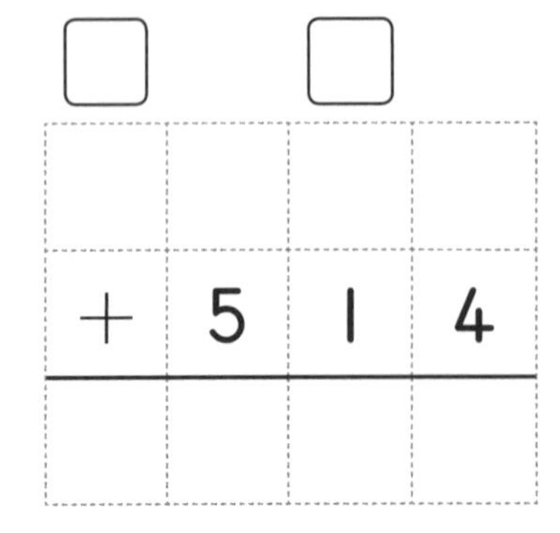

+	5	1	4

09 354+577

+	5	7	7

10 447+367

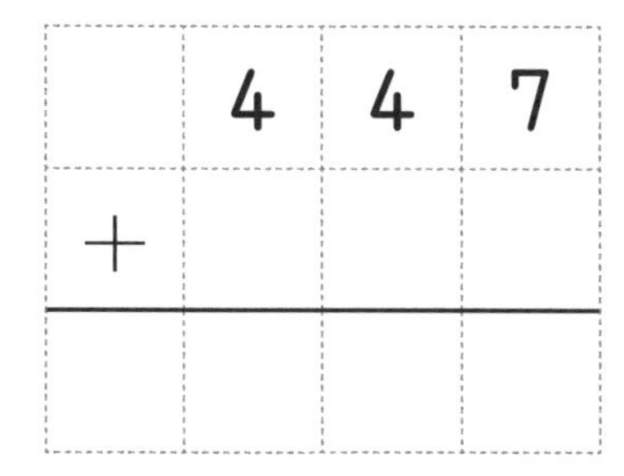

11 994+661

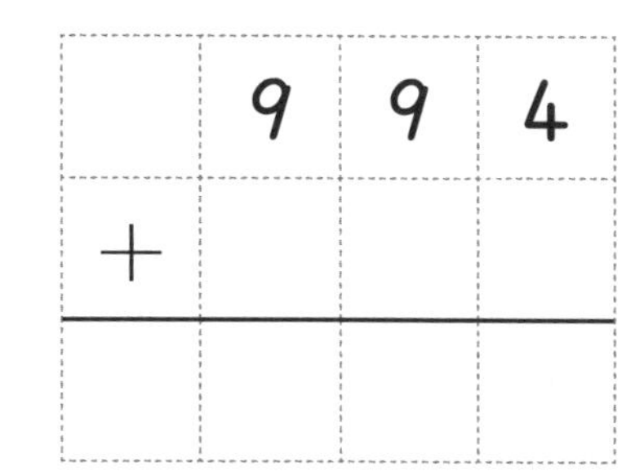

12 254+589

	2	5	4
+			

13 517+296

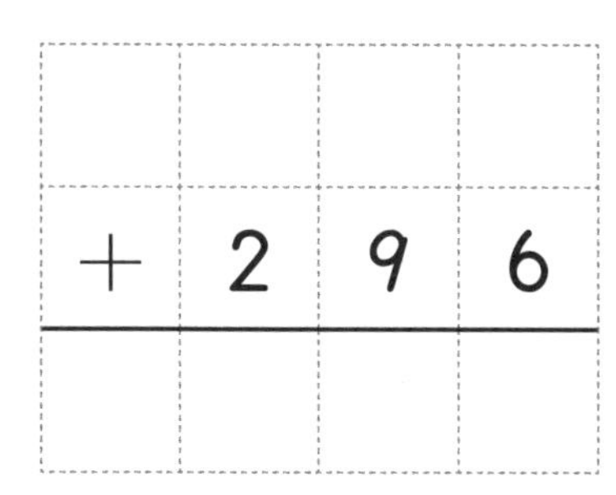

14 379+817

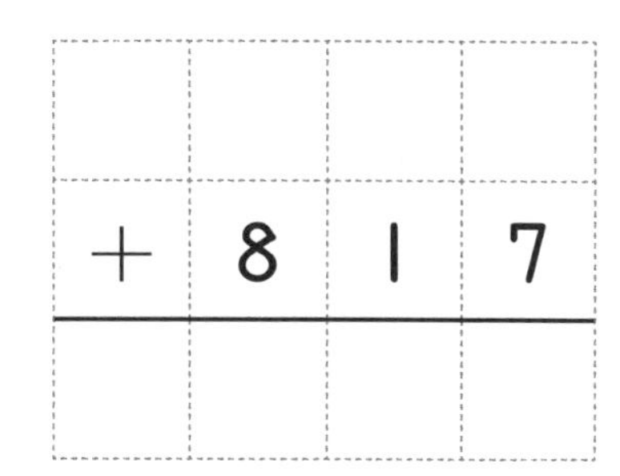

15 797+189

+	1	8	9

16 198+224

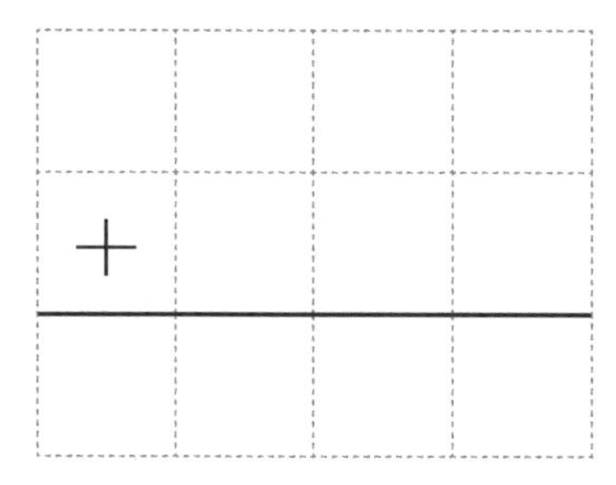

17 278+657

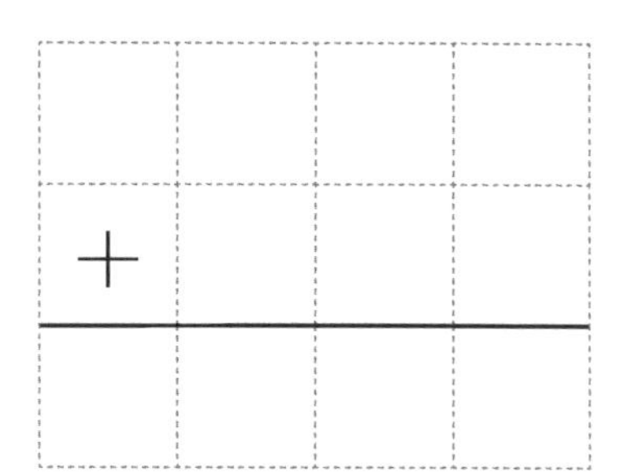

18 854+361

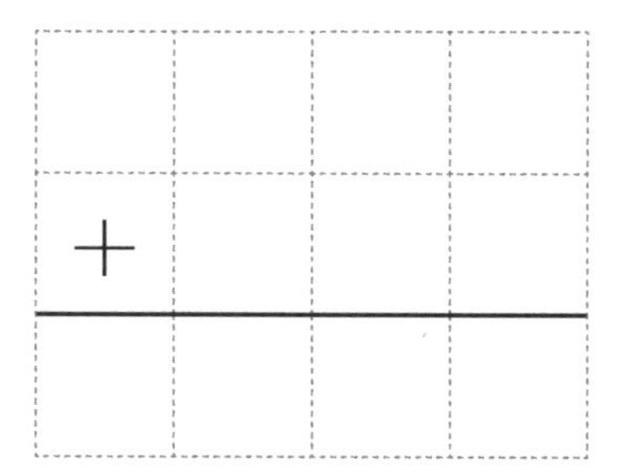

19 737+326

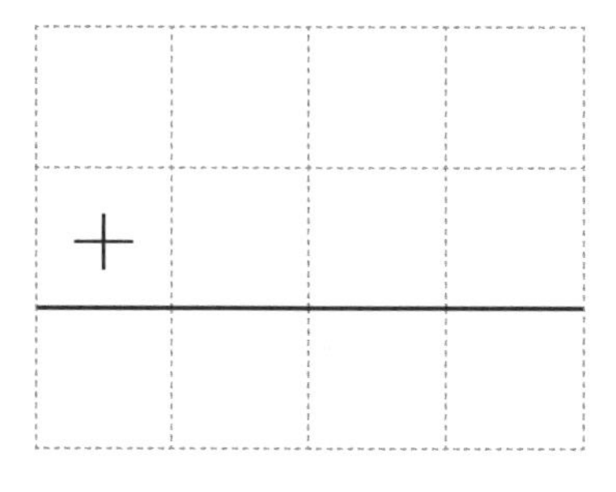

20 719+528

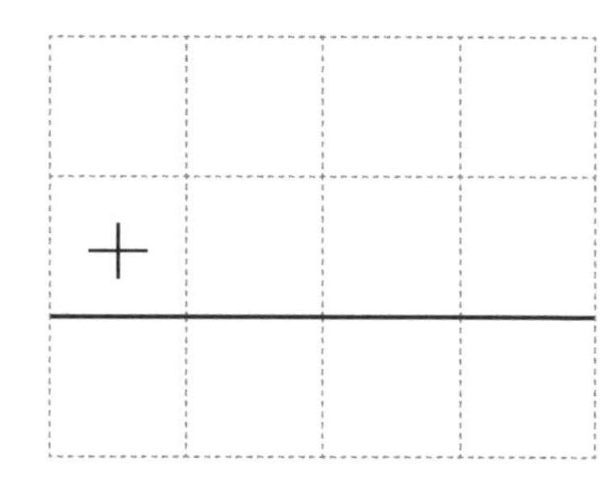

21 368+398

+			

받아올림이 두 번 있는 세 자리 수의 덧셈을 세로셈으로 해 보세요.

01

	3	2	5
+	1	8	6

02

	2	6	8
+	3	9	6

03

	5	7	3
+	2	8	8

04

	3	6	5
+	5	7	7

05

	3	6	9
+	3	6	5

06

	4	3	9
+	8	3	7

07

	4	3	9
+	4	7	6

08

	6	7	4
+	2	9	8

09

	8	5	4
+	4	7	1

10

	4	6	9
+	2	8	6

11

	5	3	8
+	6	5	7

12

	6	8	6
+	8	5	0

13

	2	7	8
+	4	6	5

14

	1	6	9
+	5	7	9

15

	3	5	6
+	1	5	9

16

	2	8	9
+	6	7	4

17

	5	6	7
+	7	9	1

18

	5	7	2
+	7	1	8

19

	1	3	9
+	7	9	8

20

	9	4	3
+	7	9	3

21

	5	7	2
+	6	0	8

22

	3	4	7
+	5	9	7

23

	6	3	4
+	5	5	9

24

	2	7	9
+	5	7	5

25

	7	8	3
+	7	5	5

26

	4	8	5
+	3	5	9

27

	5	8	2
+	8	9	3

오른쪽 그림과 같은 규칙을 이용하여
각 빈칸에 알맞은 수를 써넣어 보세요.

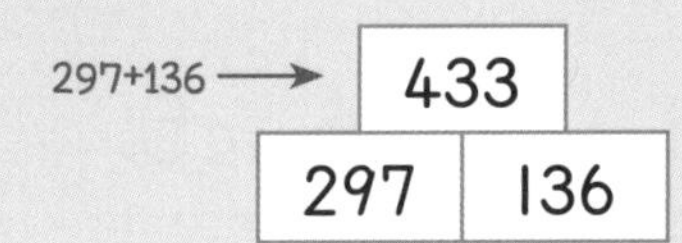

01

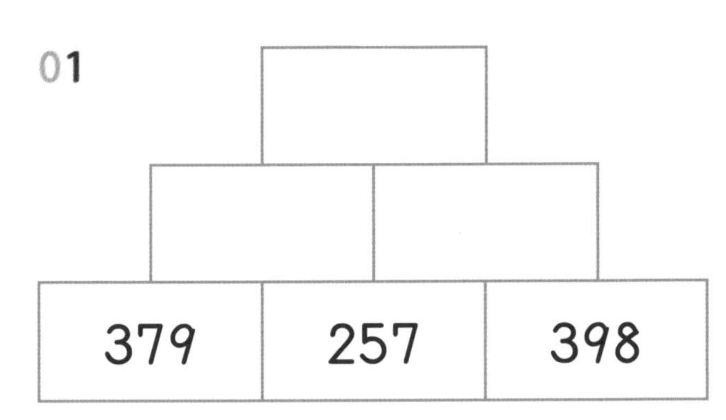

02

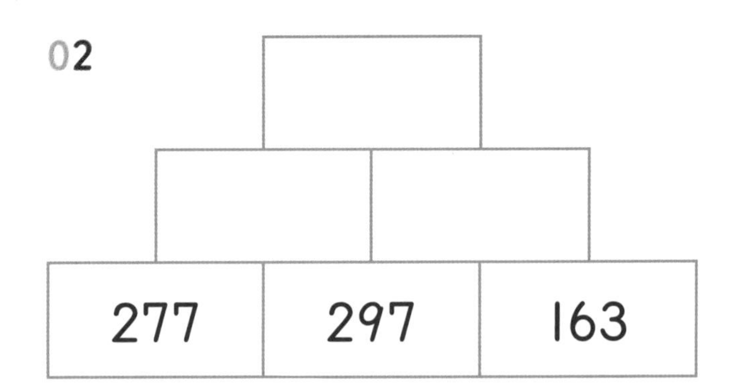

03

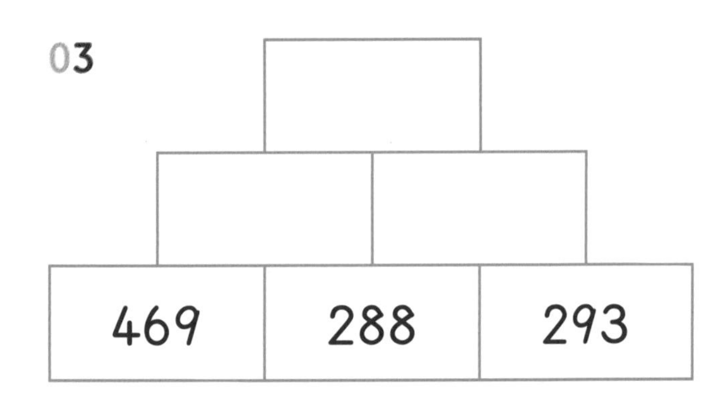

04

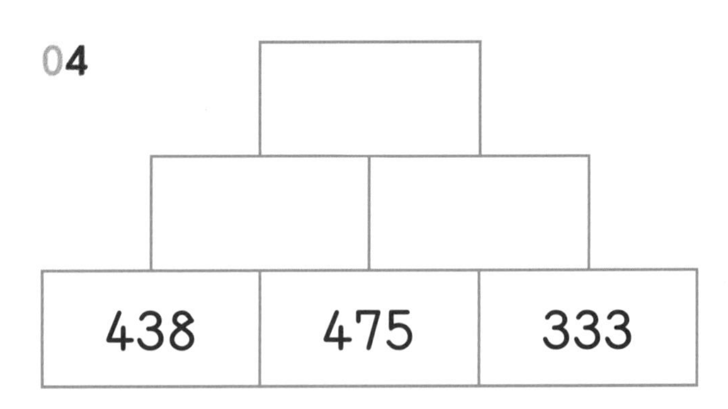

05

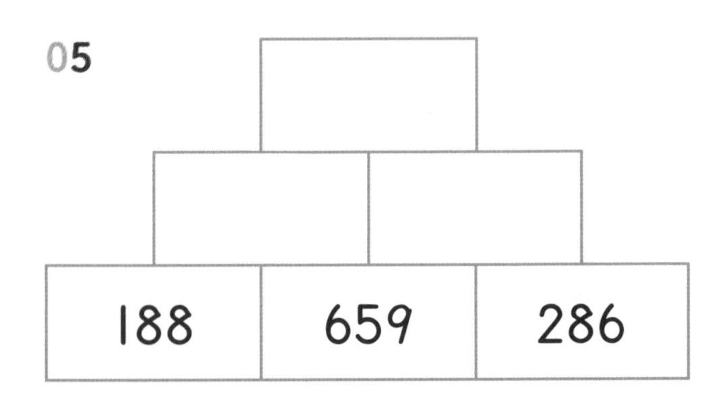

06

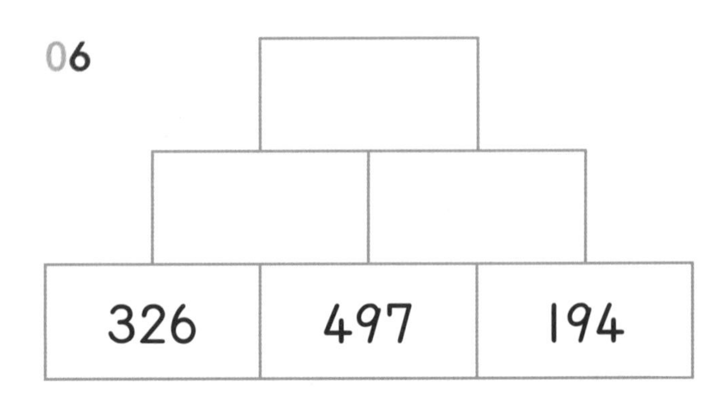

힌트를 보고 가로와 세로의 빈칸에 알맞은 수를 써넣어 보세요.

힌트

가로 열쇠

① $953+796$

② $369+264$

③ $651+856$

④ $914+358$

⑤ $384+369$

세로 열쇠

① $624+537$

② $457+157$

㉠ $277+298$

④ $735+619$

㉡ $593+645$

①				㉡
	④			
②			㉠	
③				
		⑤		

받아올림이 세 번 있는 (세 자리 수)+(세 자리 수)

받아올림이 세 번 있는 세 자리 수의 덧셈은 받아올림이 있는 자리 수끼리의 합이 10이 넘으면 바로 위의 자리 수에 1로 연속으로 받아올려 계산해요.

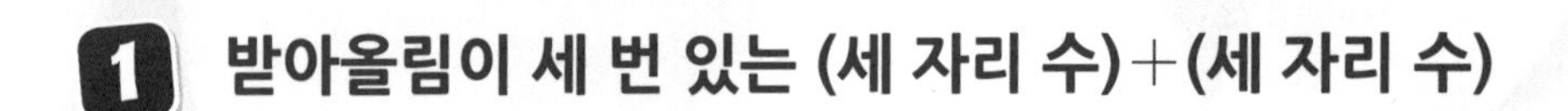

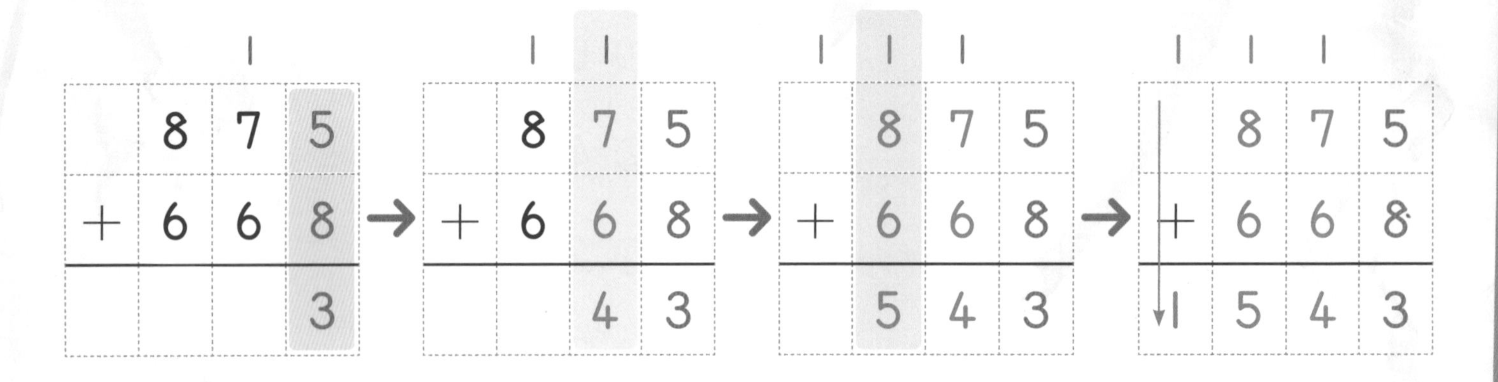

일의 자리 → **십의 자리** → **백의 자리** → **천의 자리**

일의 자리	십의 자리	백의 자리	천의 자리
5+8=13 이므로 십의 자리로 1을 받아올려요.	받아올린 1과 함께 더하면 1+7+6=14이므로 백의 자리로 1을 받아올려요.	받아올린 1과 함께 더하면 1+8+6=15이므로 천의 자리로 1을 받아올려요.	받아올린 1을 그대로 내려 써요.

	1	1	1	
	8	7	5	
+	6	6	8	
1	5	4	3	5+8=13
	1+8+6=15	1+7+6=14		

받아올림이 세 번 있는 세 자리 수의
덧셈을 일의 자리 수부터 차례대로
계산해 보세요.

	1	1	1
	7	7	4
+	6	5	8
1	4	3	2

01 358+798 계산하기

		□	
	3	5	8
+	7	9	8
			□

→

	□	□	
	3	5	8
+	7	9	8
		□	□

→

□	□	□	
	3	5	8
+	7	9	8
□	□	□	□

02 727+885 계산하기

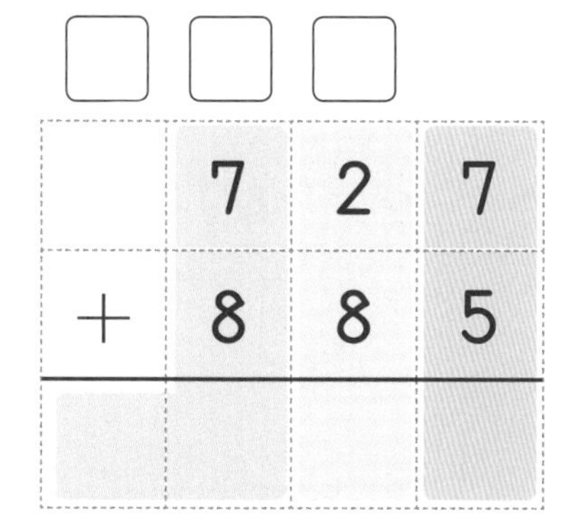

□	□	□	
	7	2	7
+	8	8	5

03 397+979 계산하기

□	□	□	
	3	9	7
+	9	7	9

가로셈을 자리 수에 맞추어
세로셈으로 계산해 보세요.

387+839 ➡

	1	1	1
	3	8	7
+	8	3	9
1	2	2	6

01 769+498

	7	6	9
+			

02 597+978

	5	9	7
+			

03 578+678

	5	7	8
+			

04 568+679

+	6	7	9

05 786+657

+	6	5	7

06 338+967

+	9	6	7

07 886+737

+	7	3	7

08 479+856

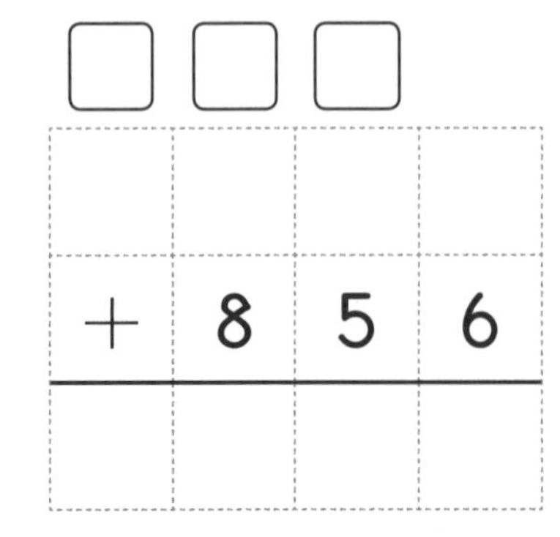

+	8	5	6

09 747+987

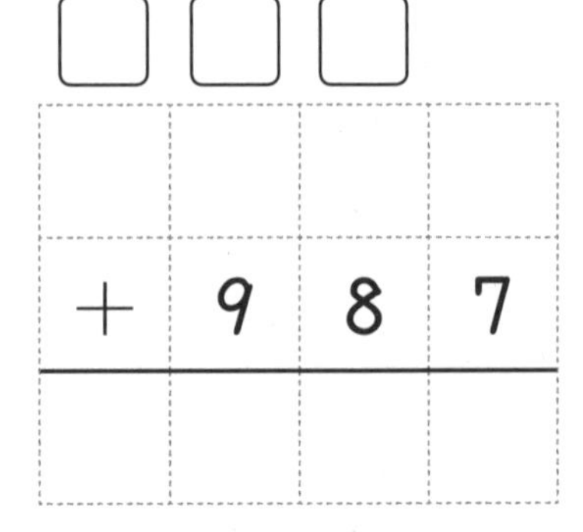

+	9	8	7

10 219+785

	2	1	9
+			

11 986+879

	9	8	6
+			

12 654+789

	6	5	4
+			

13 947+385

+	3	8	5

14 396+757

+	7	5	7

15 869+952

+	9	5	2

16 476+977

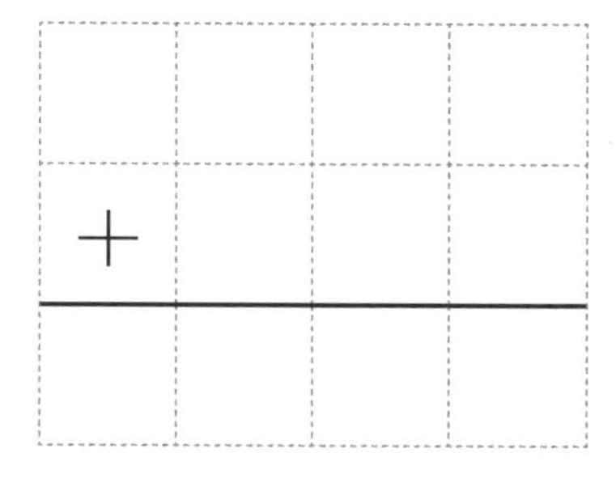

17 674+956

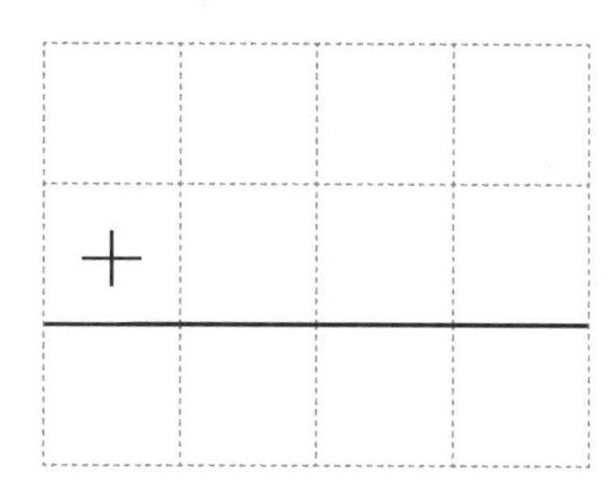

18 466+587

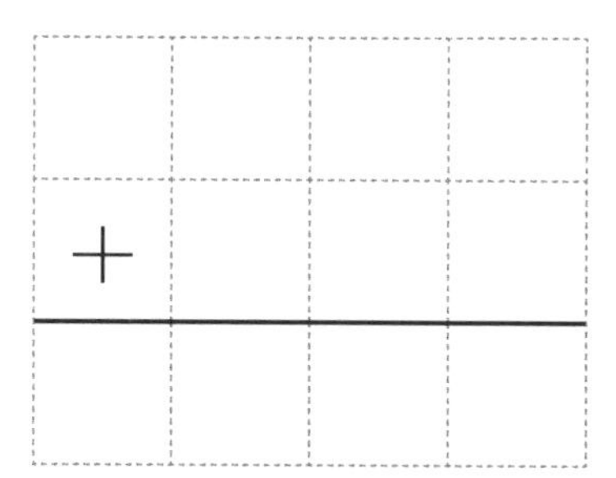

19 846+664

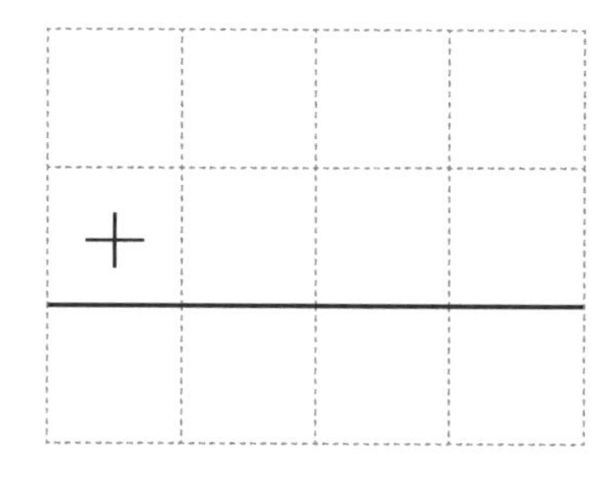

20 374+849

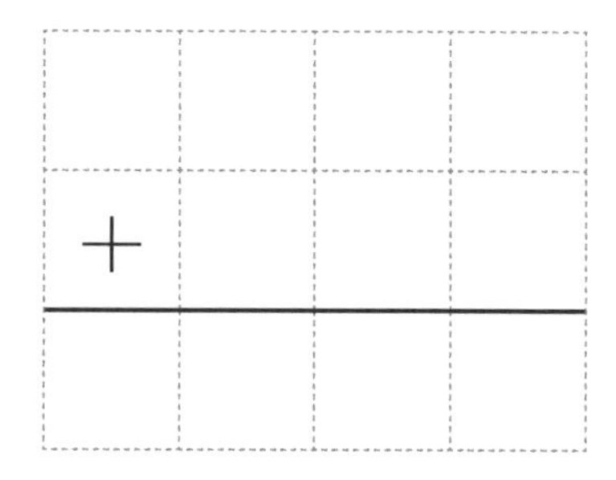

21 679+679

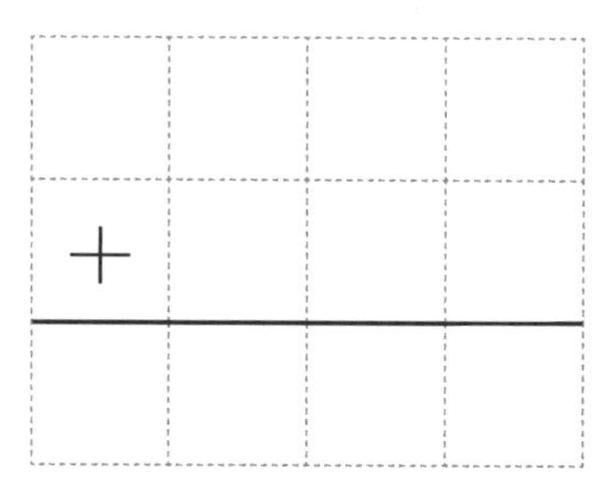

받아올림이 세 번 있는 세 자리 수의 덧셈을 세로셈으로 해 보세요.

01

	7	5	9
+	4	9	8

02

	6	3	8
+	7	9	8

03

	6	8	5
+	3	4	8

04

	5	9	6
+	9	5	7

05

	4	8	7
+	8	5	9

06

	4	7	8
+	6	6	8

07

	3	6	9
+	7	8	2

08

	7	5	9
+	6	8	7

09

	9	9	6
+	2	9	8

10

	5	8	2
+	7	4	9

11

	8	5	7
+	6	6	5

12

	5	9	5
+	5	7	8

13

	9	7	7
+	8	9	9

14

	7	2	7
+	8	8	5

15

	5	7	6
+	9	8	7

16

	4	6	6
+	9	5	9

17

	3	9	9
+	7	5	6

18

	4	6	6
+	5	8	7

19

	6	5	9
+	7	6	8

20

	8	7	9
+	8	5	8

21

	2	9	8
+	8	7	6

22

	7	5	6
+	5	9	7

23

	3	6	8
+	9	8	6

24

	7	5	8
+	6	8	7

25

	8	7	8
+	8	6	8

26

	9	5	1
+	8	6	9

27

	9	7	9
+	6	8	9

양팔저울이 기울어지지 않도록 빈 곳에 알맞은 수를 써넣으세요.

01

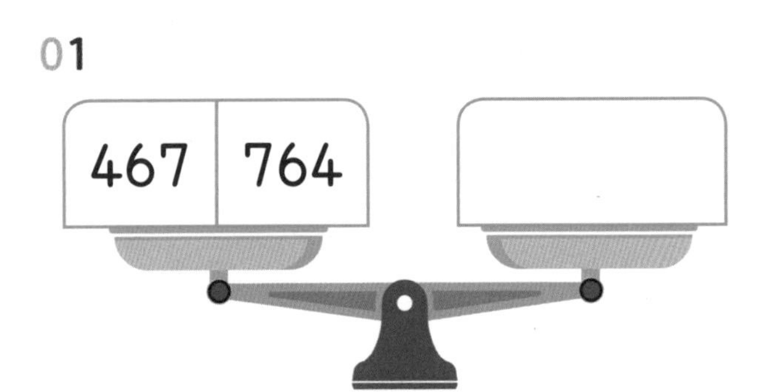

02

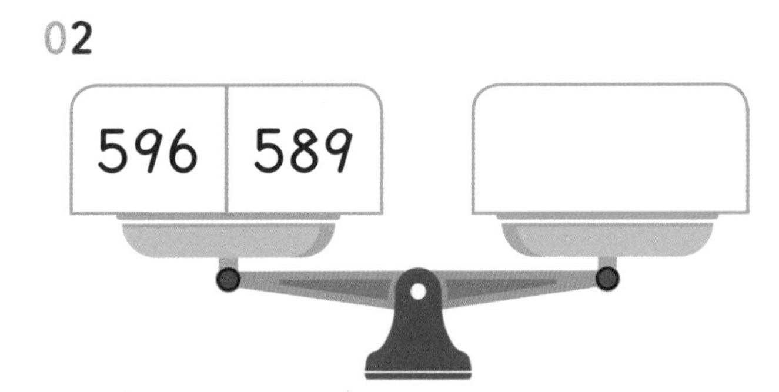

03

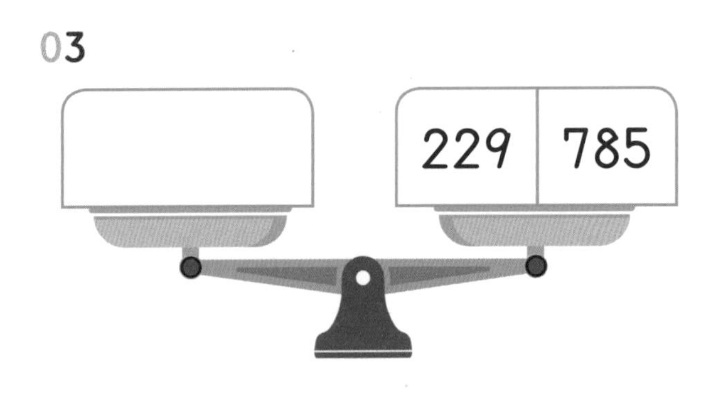

04

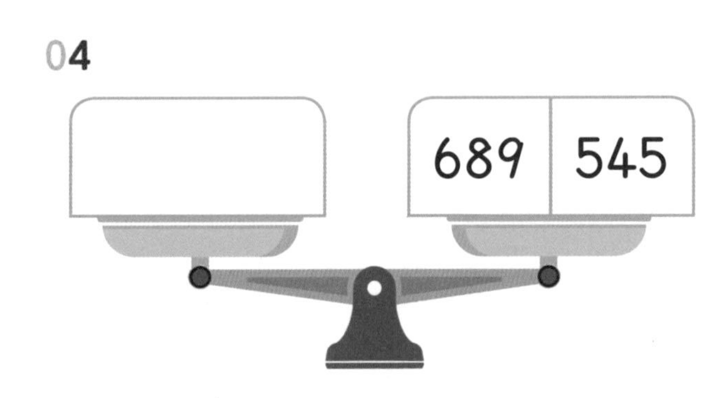

05

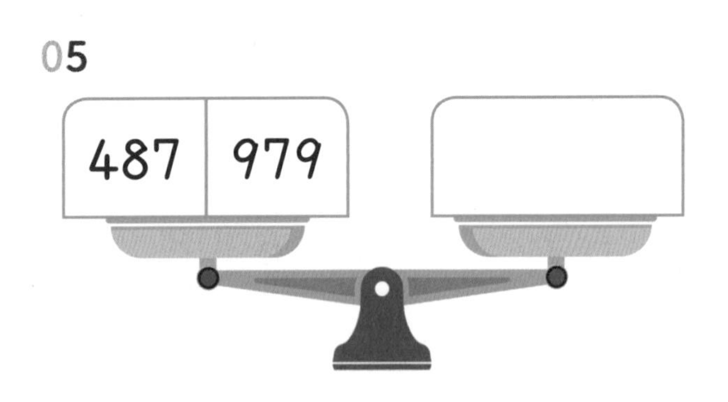

06

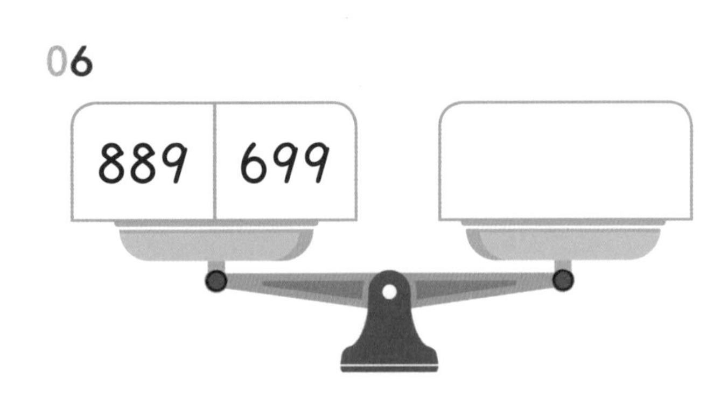

07

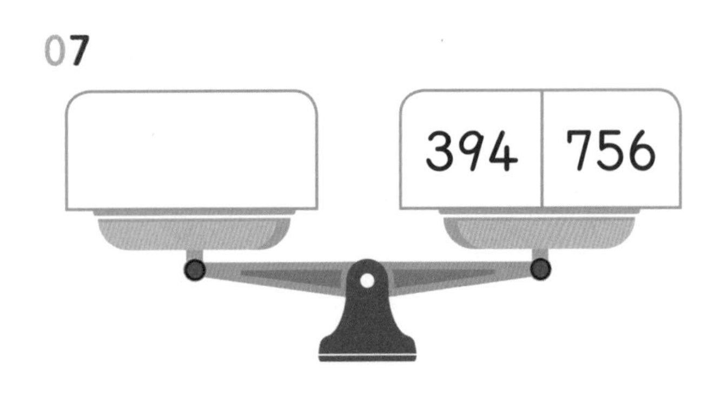

08

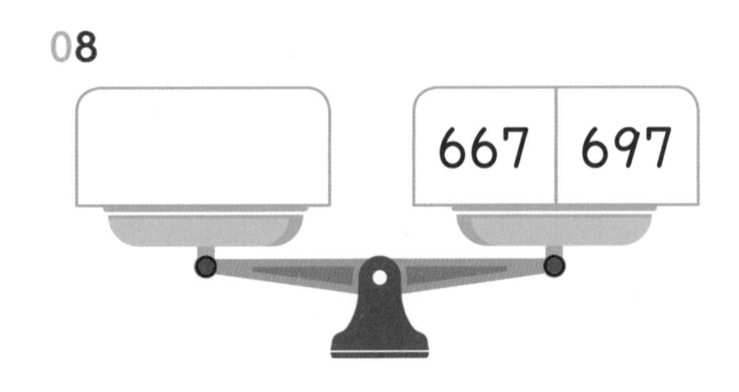

두 수의 덧셈의 결과가 올바른 길을 찾아 선을 그려 보세요.

출발!

596+588 1184 584+759 1233 1445 469+967

1084 1343 1436

1433 1134

992+559 1551 1223 447+866 1313 1254 847+397

1651 1423 1244

1105 1721

657+458 1215 1831 872+959 1741 1051 582+469

1115 1631 1151

992+559 1451 1523 677+946 1433 1263 396+757

1551 1623 1153

▶ 두 수의 합이 가장 큰 수 또는 가장 작은 수로 만들어 봐요

주어진 수 중 두 수를 골라 조건에 맞게 두 수의 합을 구해 보세요.

01 286 365 166 488

두 수의 합이 가장 큰 경우

02 573 647 487 592

두 수의 합이 가장 작은 경우

03 549 759 580 490

두 수의 합이 가장 큰 경우

▶ **규칙에 맞게 계산해 봐요**
오른쪽 규칙에 따라 덧셈을 해 보세요.

387 ➡ 27 = 387+127
387 ➡➡ 27 = 387+227

01 267 ➡ 98 ➡ 78 = ☐

02 596 ➡ 69 ➡➡ 26 = ☐

03 687 ➡➡ 76 ➡ 59 = ☐

04 638 ➡➡ 75 ➡➡ 98 = ☐

▶ 문장의 뜻을 이해하며 식을 세워 봐요
이야기 속에 주어진 조건을 생각하며 덧셈식을 세우고 답을 구해 보세요.

01 올해 아인이네 학년 여학생은 174명이고, 남학생은 185명입니다.
아인이네 학년 학생은 모두 몇 명입니까?

식 답 명

02 공장에서 과자를 어제는 566개 만들었고, 오늘은 278개 만들었습니다.
공장에서 어제와 오늘 만든 과자는 모두 몇 개입니까?

식 답 개

03 우리 마을에서 도서관에 486권, 학교에 650권의 책을 기부했습니다.
우리 마을에서 기부한 책은 모두 몇 권입니까?

식 답 권

04 오늘 과수원에서 사과는 746개, 배는 857개를 땄습니다.
오늘 수확한 과일은 모두 몇 개입니까?

식 답 개

1에서 무엇을 배웠을까요?

$$\begin{array}{r} 502 \\ +\ 365 \\ \hline 867 \end{array}$$

받아올림이 없는
(세 자리 수)+(세 자리 수)

받아올림이 없는 세 자리 수끼리의
덧셈은 자리 수를 맞추어
같은 자리 수끼리 더해요.

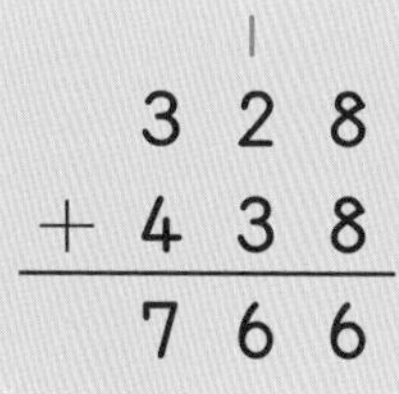

$$\begin{array}{r} 1 \\ 328 \\ +\ 438 \\ \hline 766 \end{array}$$

받아올림이 한 번 있는
(세 자리 수)+(세 자리 수)

받아올림이 있는 자리 수끼리의
합이 10이 넘으면 바로 위의
자리 수에 1로 받아올려 계산해요.

$$\begin{array}{r} 11 \\ 349 \\ +\ 479 \\ \hline 828 \end{array} \qquad \begin{array}{r} 11 \\ 537 \\ +\ 937 \\ \hline 1474 \end{array}$$

받아올림이 세 번 있는
(세 자리 수)+(세 자리 수)

일의 자리 → 십의 자리 → 백의 자리에서
연속으로 받아올림 해요.

받아올림이 두 번 있는
(세 자리 수)+(세 자리 수)

받아올림이 일의 자리와 백의 자리에서 있거나
받아올림이 연속으로 두 번 있는 경우에는
바로 위의 자리 수에 1로 각각 받아올려 계산해요.

$$\begin{array}{r} 111 \\ 875 \\ +\ 668 \\ \hline 1543 \end{array}$$

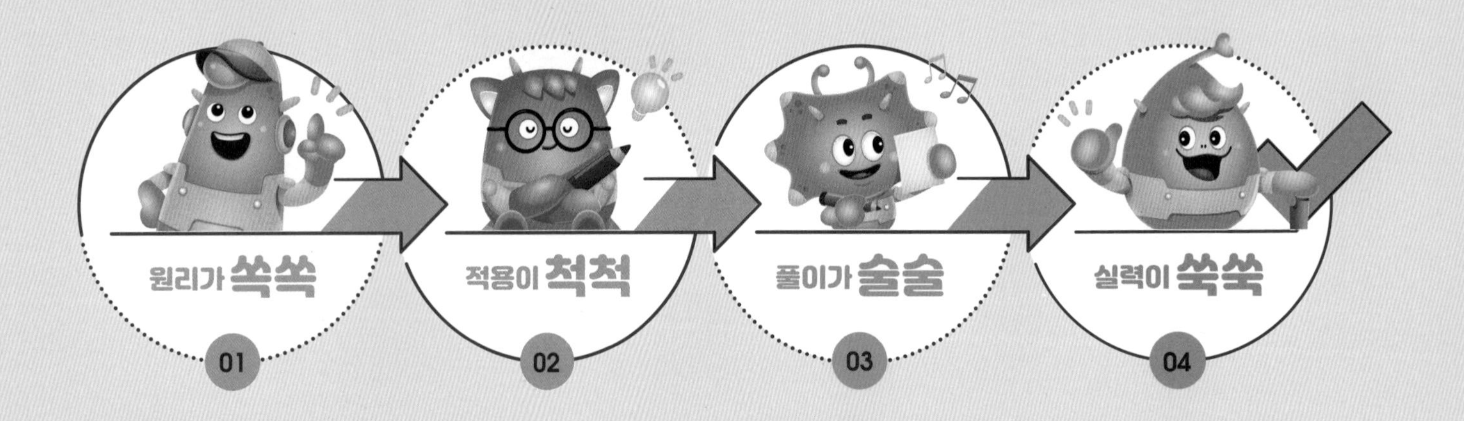
원리가 쏙쏙
01
적용이 척척
02
풀이가 술술
03
실력이 쑥쑥
04

2

세 자리 수의 뺄셈

받아내림이 없는 (세 자리 수)−(세 자리 수)

받아내림이 없는 세 자리 수끼리의 뺄셈은 자리 수를 맞추어 쓴 후에 같은 자리 수끼리 빼요.

받아내림이 없는 (세 자리 수)−(세 자리 수)

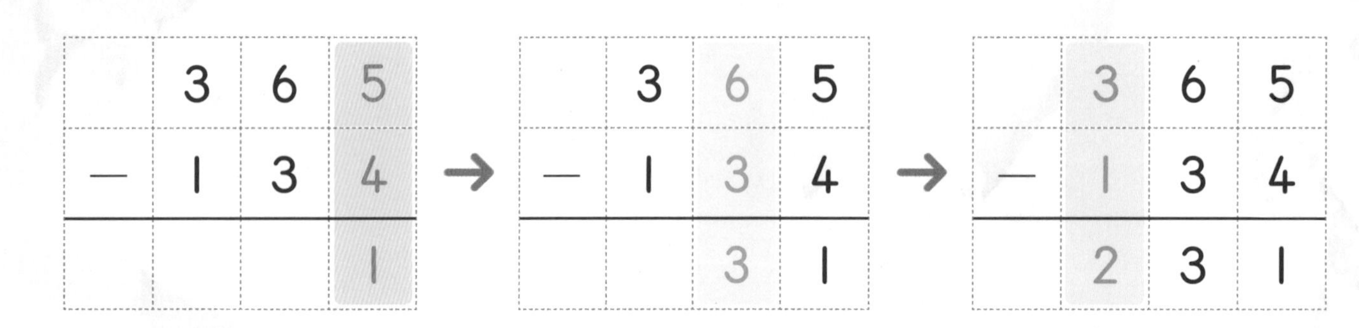

일의 자리 → 십의 자리 → 백의 자리

자리 수가 낮은 순서부터 차례대로 같은 자리 수끼리 빼요.

$365 - 134 = 231$

받아내림이 없는
세 자리 수의 뺄셈을
일의 자리 수부터
차례대로 계산해 보세요.

	4	9	8
−	2	7	4
			4

→

	4	9	8
−	2	7	4
		2	4

→

	4	9	8
−	2	7	4
	2	2	4

01 536−330 계산하기

	5	3	6
−	3	3	0

02 759−546 계산하기

	7	5	9
−	5	4	6

03 527−203 계산하기

	5	2	7
−			

04 656−314 계산하기

	6	5	6
−			

가로셈을 자리 수에 맞추어
세로셈으로 계산해 보세요.

983－660 ➡

	9	8	3
－	6	6	0
	3	2	3

01 345－144

	3	4	5
－			

02 716－304

	7	1	6
－			

03 925－802

	9	2	5
－			

04 471－341

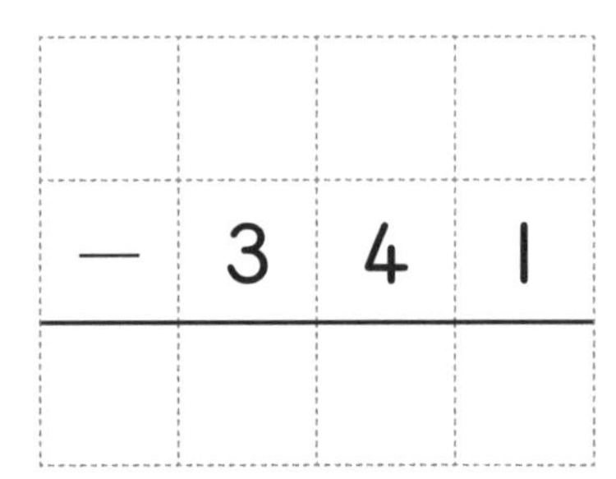

－	3	4	1

05 269－153

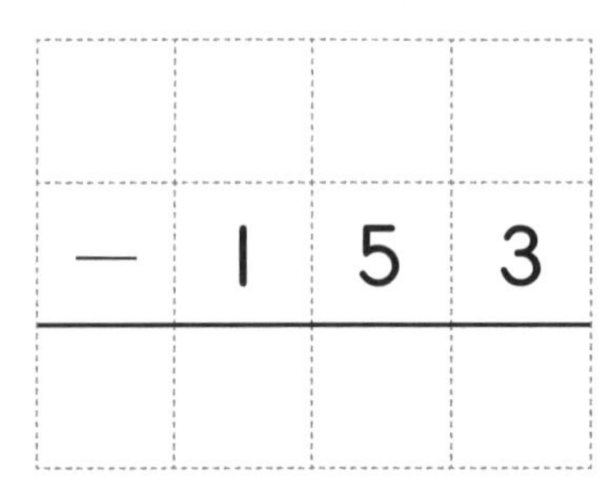

－	1	5	3

06 637－126

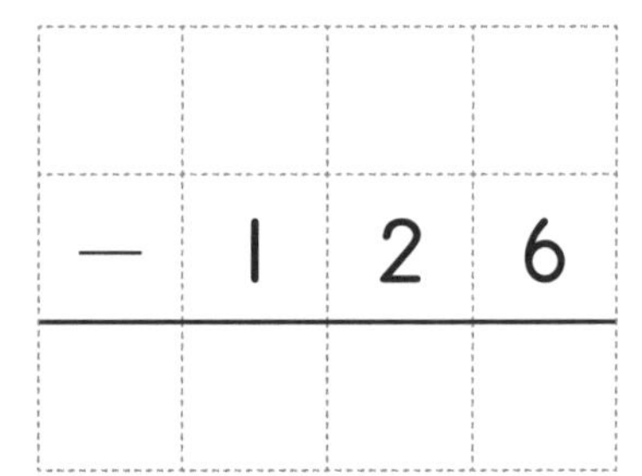

－	1	2	6

07 589－364

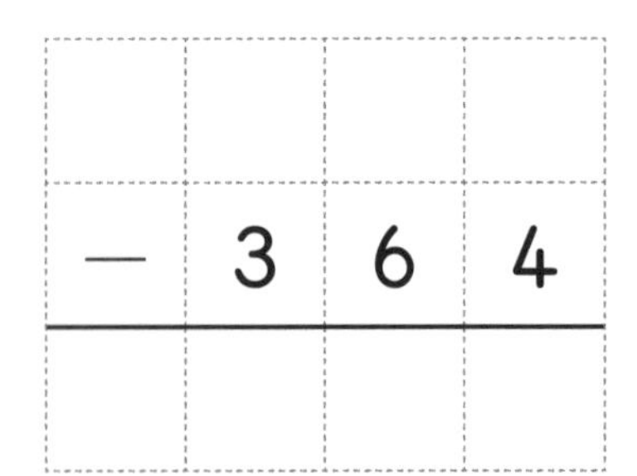

－	3	6	4

08 837－415

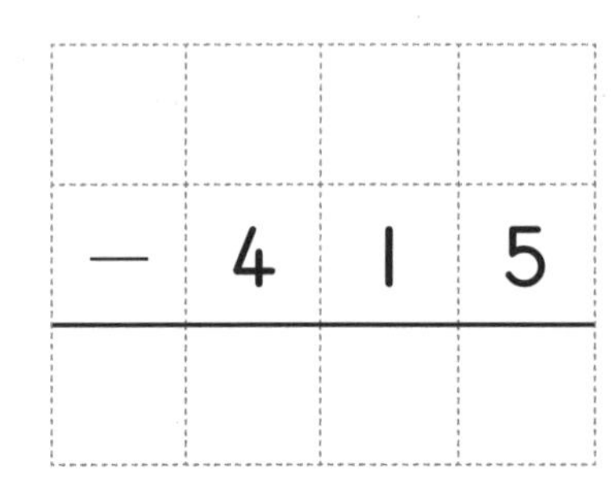

－	4	1	5

09 976－356

－	3	5	6

10 649−447

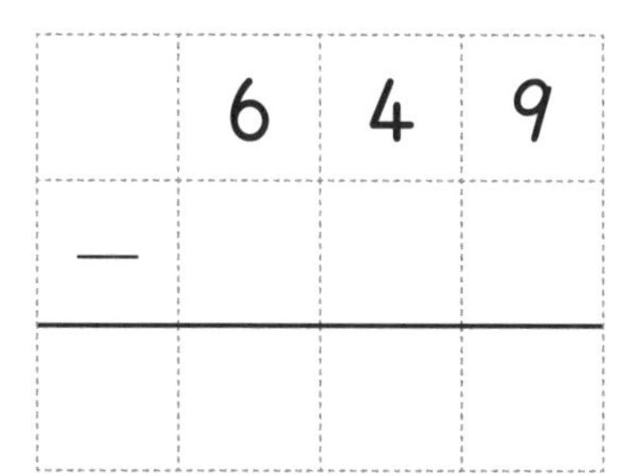

11 535−230

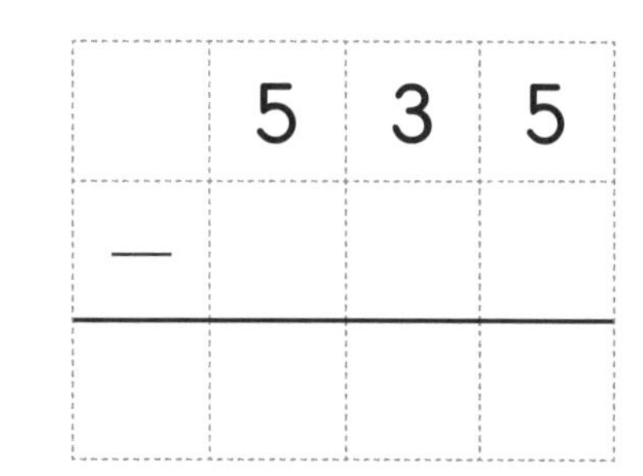

12 758−241

	7	5	8
−			

13 446−220

−	2	2	0

14 527−203

−	2	0	3

15 648−518

−	5	1	8

16 985−624

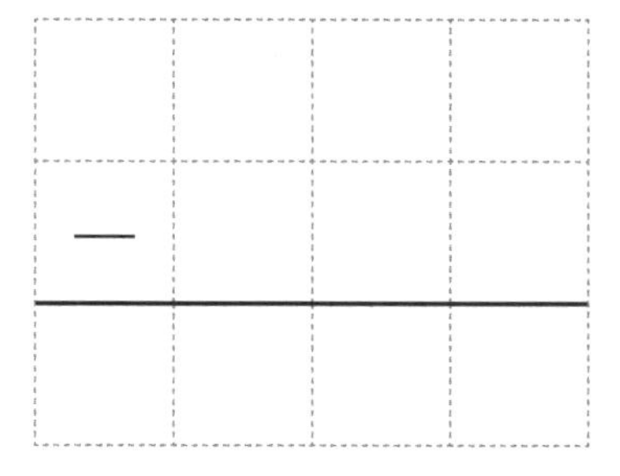

17 774−521

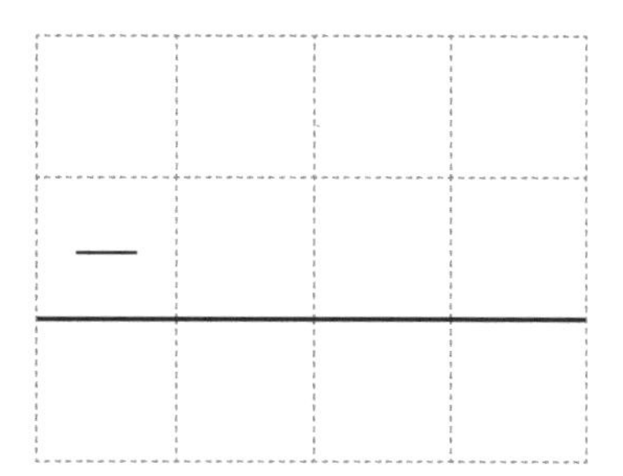

18 954−433

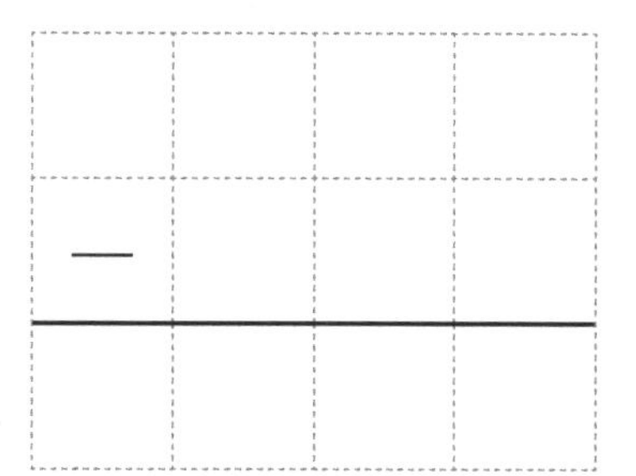

19 786−172

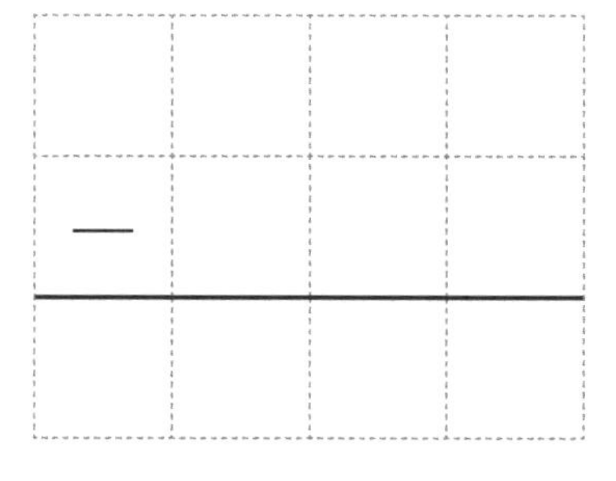

20 565−311

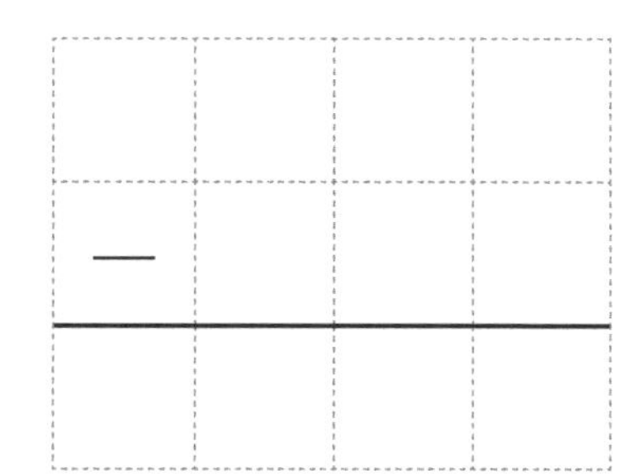

21 849−547

−			

받아내림이 없는 세 자리 수의 뺄셈을
세로셈으로 해 보세요.

	7	9	6
−	1	5	2
	6	4	4

01

	7	4	5
−	1	2	1

02

	6	3	9
−	2	3	1

03

	4	7	1
−	1	5	1

04

	9	2	5
−	5	0	3

05

	7	5	7
−	5	5	2

06

	3	8	6
−	1	7	1

07

	9	7	4
−	6	5	0

08

	6	5	7
−	3	1	4

09

	8	2	4
−	4	2	3

10

	6	3	7
−	4	3	1

11

	7	8	9
−	2	6	3

12

	9	5	4
−	1	4	3

받아내림이 없는 세 자리 수의 뺄셈을
가로셈으로 해 보세요.

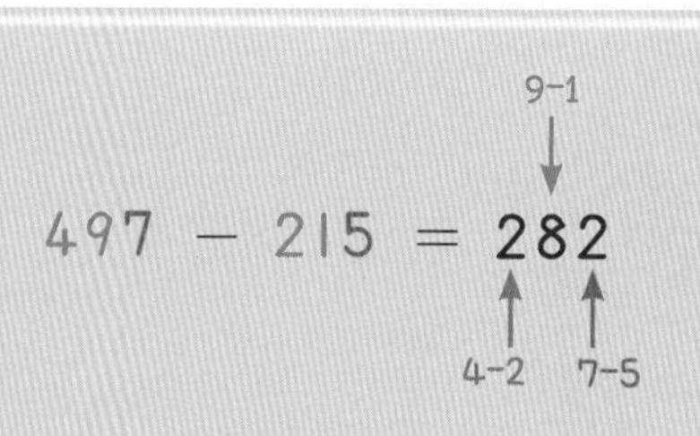

01 $516-104=$

02 $471-251=$

03 $294-183=$

04 $527-204=$

05 $874-421=$

06 $925-803=$

07 $859-146=$

08 $824-622=$

09 $735-423=$

10 $975-620=$

11 $394-183=$

12 $834-424=$

13 $826-303=$

14 $967-342=$

그림을 보고 □ 안에 알맞은 수를 써넣어 보세요.

01

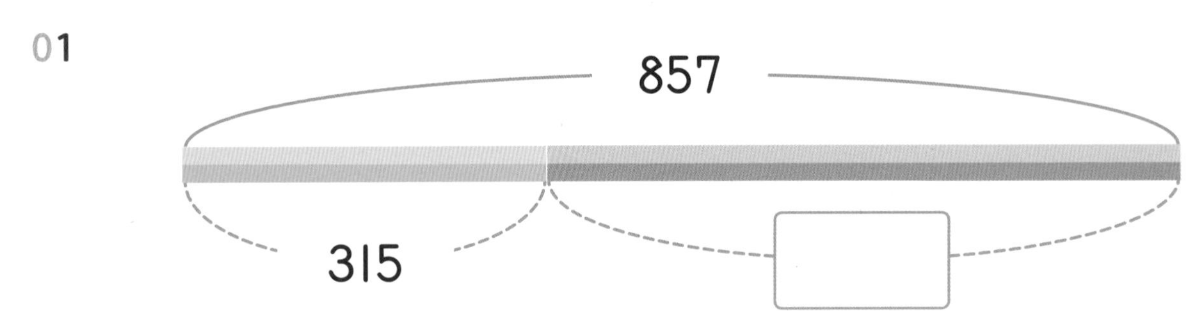

02

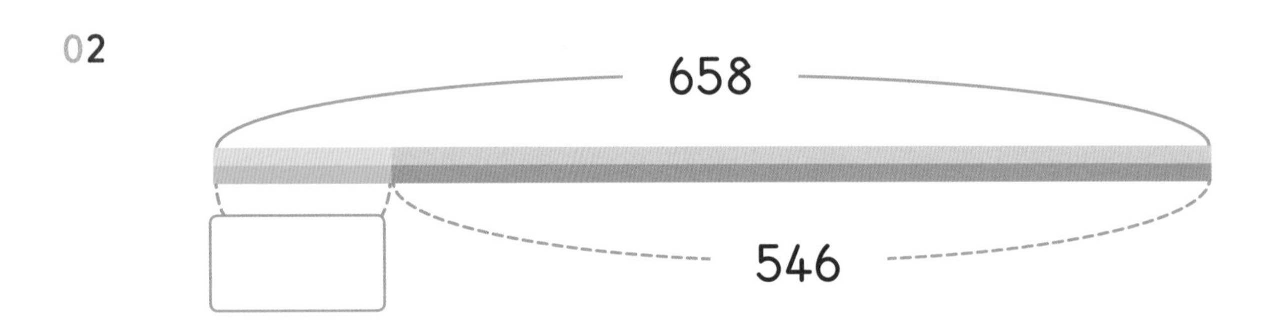

03

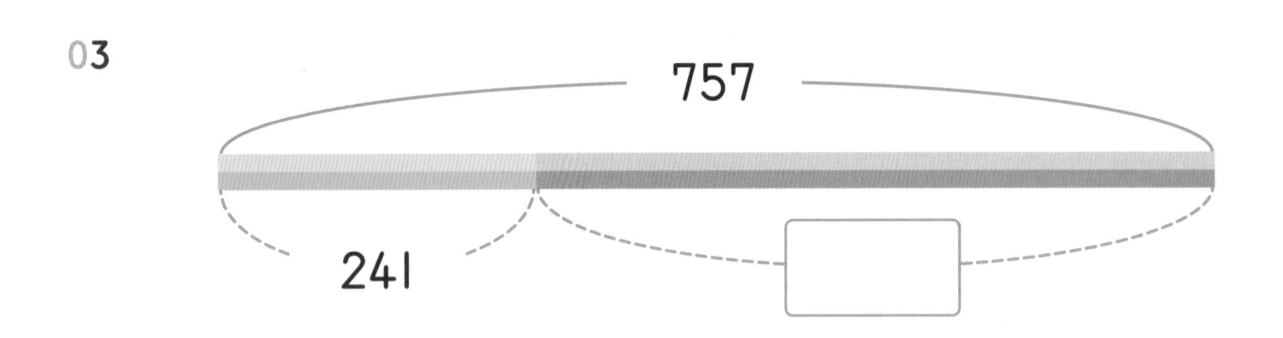

04

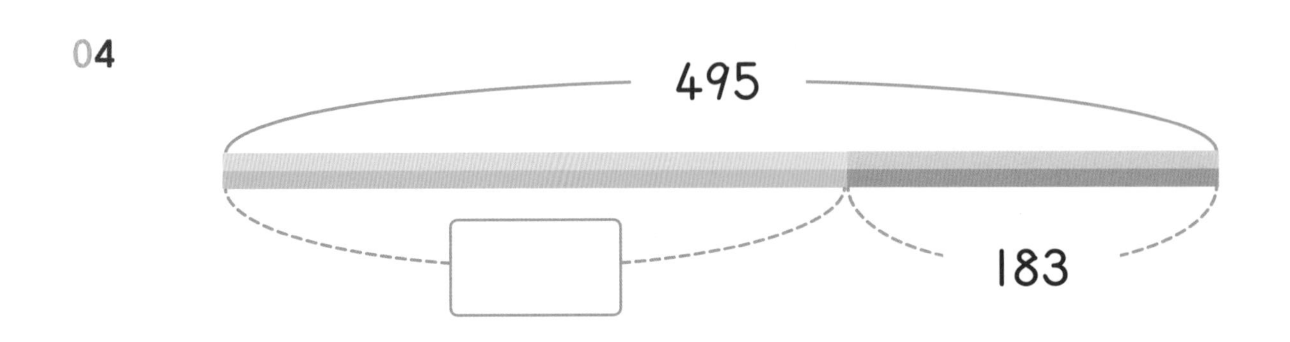

계산 결과가 가장 큰 길을 따라 선을 그려 보세요.

01

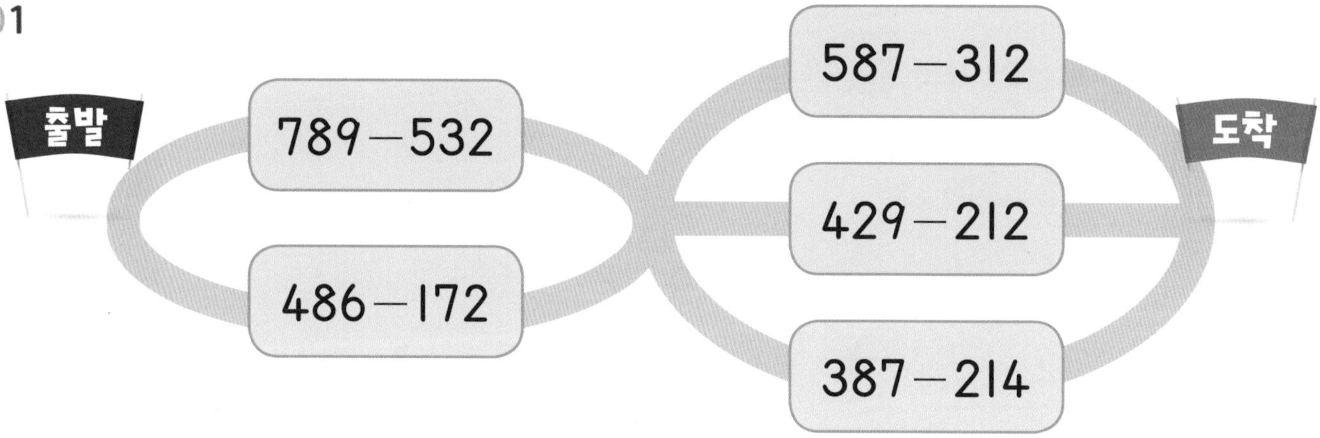

출발

789－532

486－172

587－312

429－212

387－214

도착

02

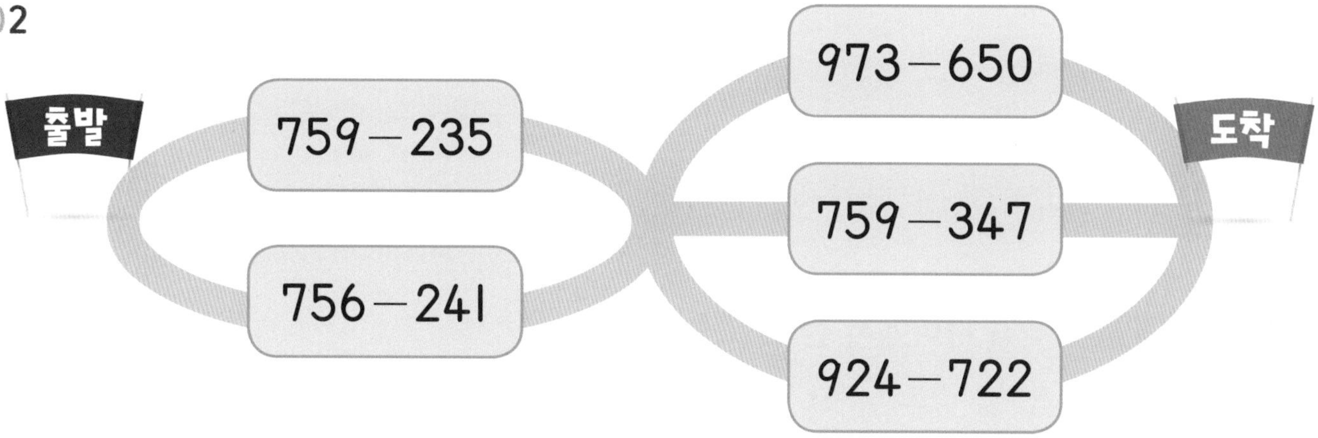

출발

759－235

756－241

973－650

759－347

924－722

도착

03

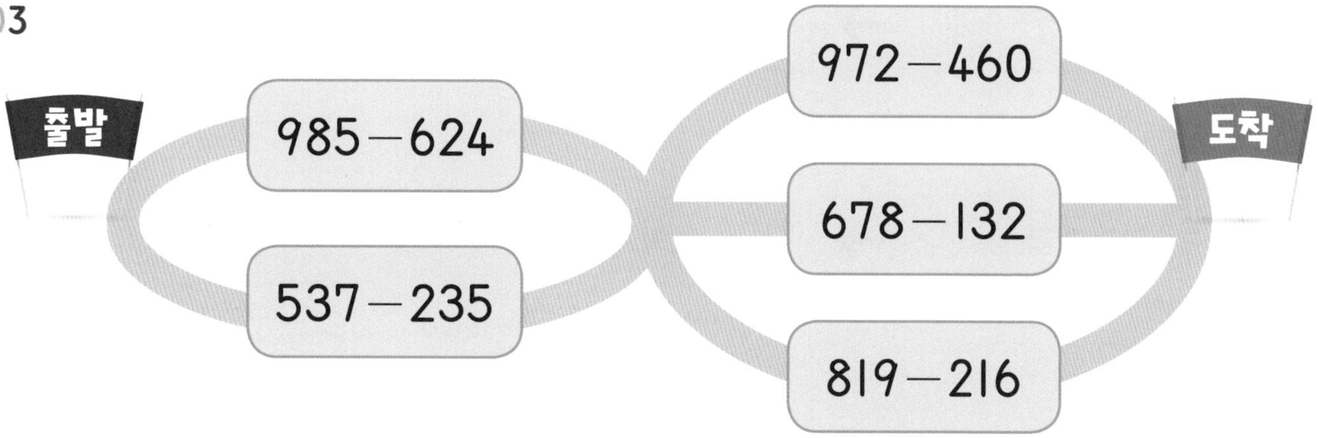

출발

985－624

537－235

972－460

678－132

819－216

도착

6 받아내림이 한 번 있는 (세 자리 수)-(세 자리 수)

받아내림이 한 번 있는 세 자리 수의 뺄셈은 십의 자리 또는 백의 자리에서 10을 바로 아래 자리로 받아내려 계산해요.

1 받아내림이 십의 자리에서 한 번 있는 경우

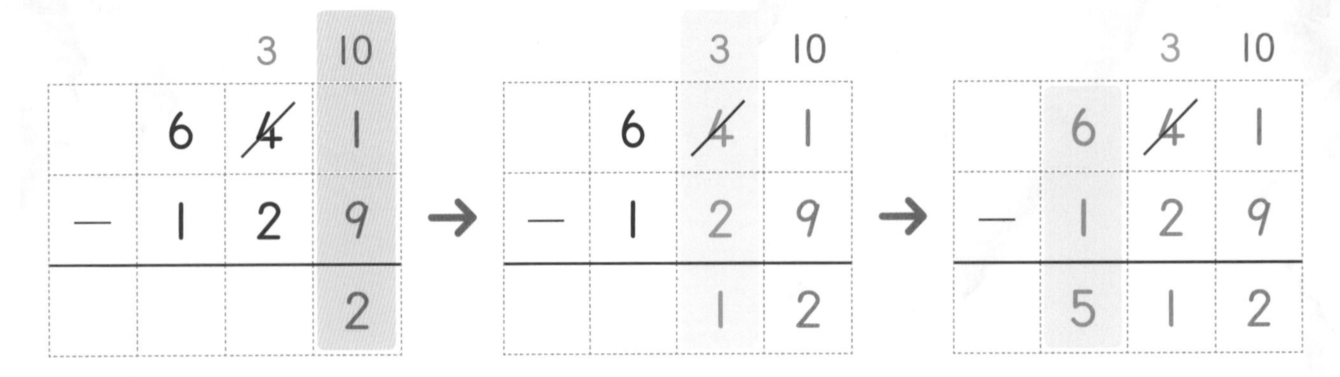

일의 자리 → **십의 자리** → **백의 자리**

십의 자리에서 10을 일의 자리로 받아내려 계산하면 11-9=2

받아내림하고 남은 수와 계산하면 3-2=1

6-1=5

2 받아내림이 백의 자리에서 한 번 있는 경우

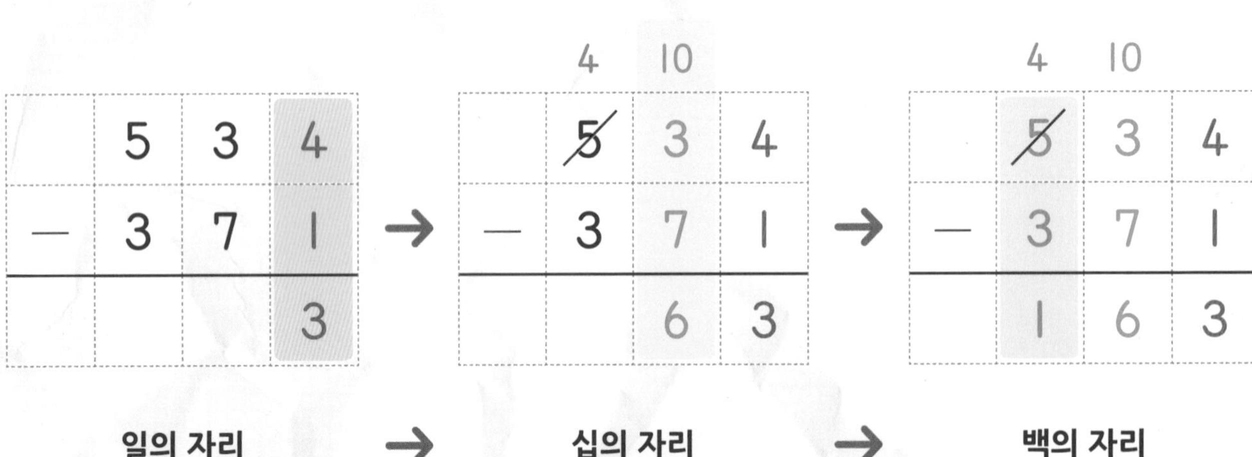

일의 자리 → **십의 자리** → **백의 자리**

4-1=3

백의 자리에서 10을 십의 자리로 받아내려 계산하면 13-7=6

받아내림하고 남은 수와 계산하면 4-3=1

받아내림이 한 번 있는 세 자리 수의 뺄셈을 일의 자리 수부터 차례대로 계산해 보세요.

		7	10
	5	~~8~~	1
−	1	0	6
			5

→

		7	10
	5	~~8~~	1
−	1	0	6
		7	5

→

		7	10
	5	~~8~~	1
−	1	0	6
	4	7	5

981−525 계산하기

01

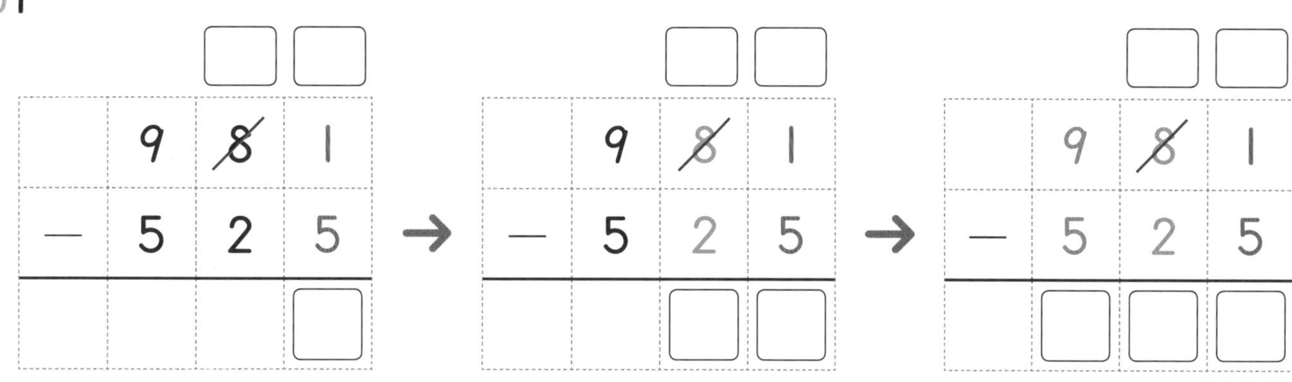

535−273 계산하기

02

	5	3	5
−	2	7	3
			□

→

		□	□
	~~5~~	3	5
−	2	7	3
		□	□

→

	□	□	
	~~5~~	3	5
−	2	7	3
	□	□	□

가로셈을 자리 수에 맞추어
세로셈으로 계산해 보세요.

791－384 ➡

	7	8 ~~9~~	10 1
－	3	8	4
	4	0	7

01 656－127

	6	4 ~~5~~	10 6
－			

02 881－329

□ □

	8	8	1
－			

03 864－236

□ □

	8	6	4
－			

04 518－164

	4 ~~5~~	10 1	8
－	1	6	4

05 928－473

□ □

－	4	7	3

06 606－392

□ □

－	3	9	2

07 355－163

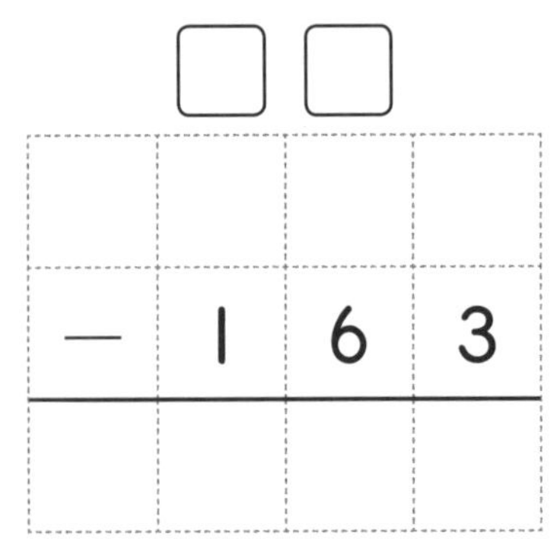

－	1	6	3

08 947－782

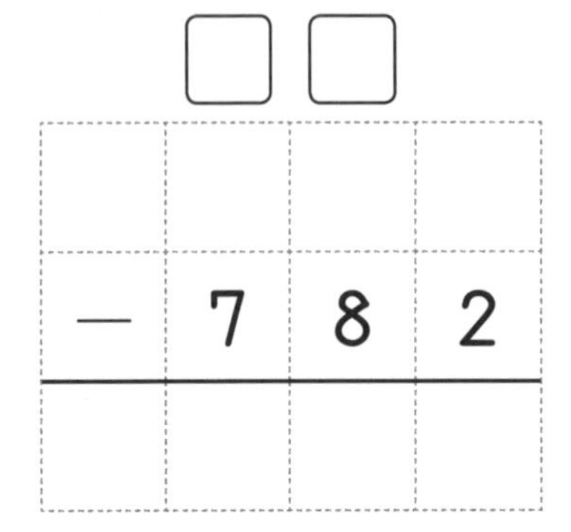

－	7	8	2

09 538－363

□ □

－	3	6	3

10 $493-354$

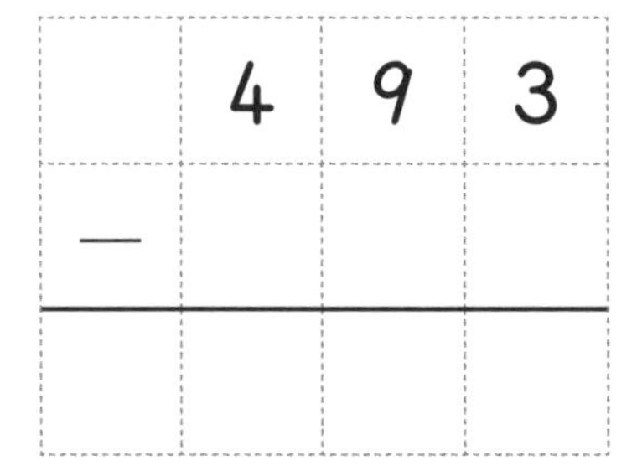

11 $683-427$

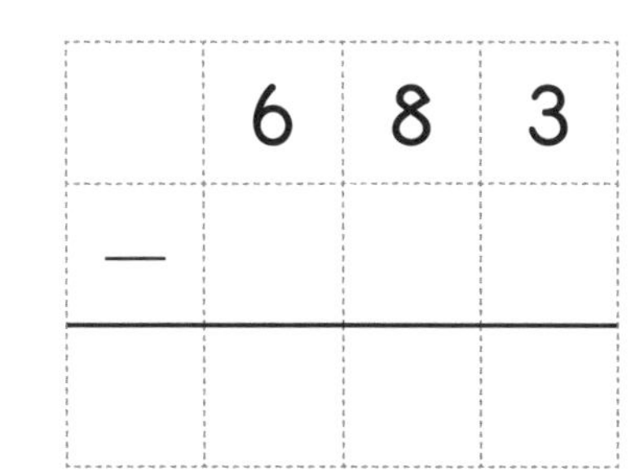

12 $771-419$

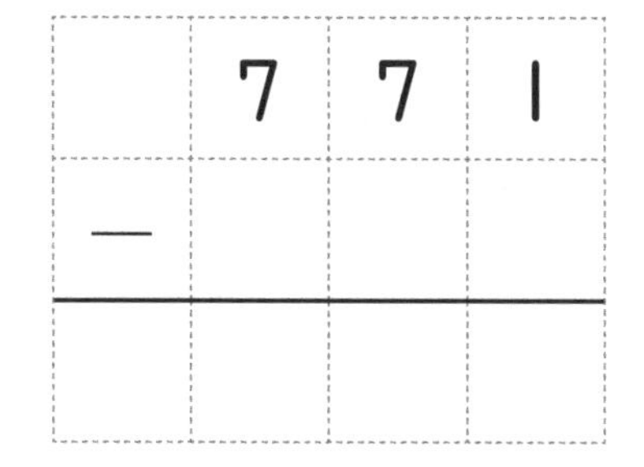

13 $690-218$

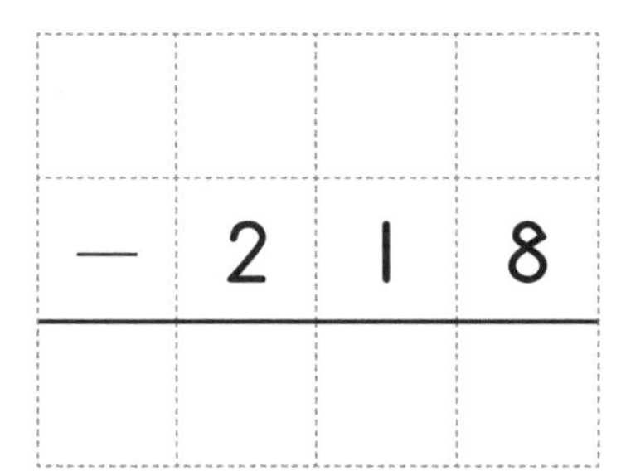

14 $562-217$

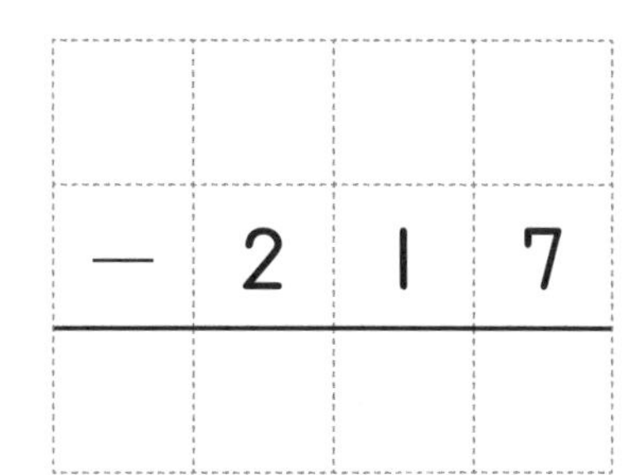

15 $894-548$

16 $527-165$

17 $475-337$

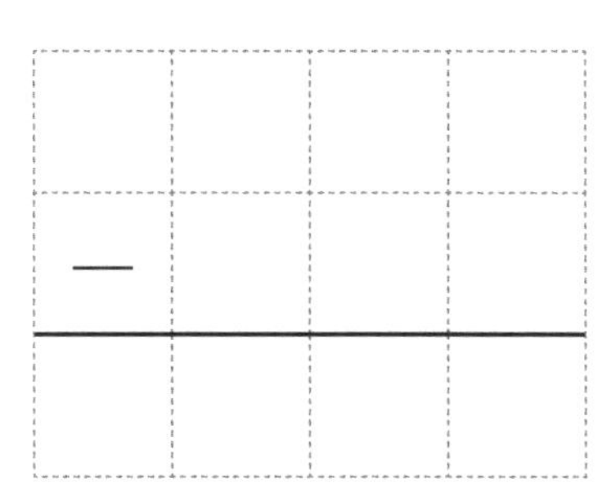

18 $818-273$

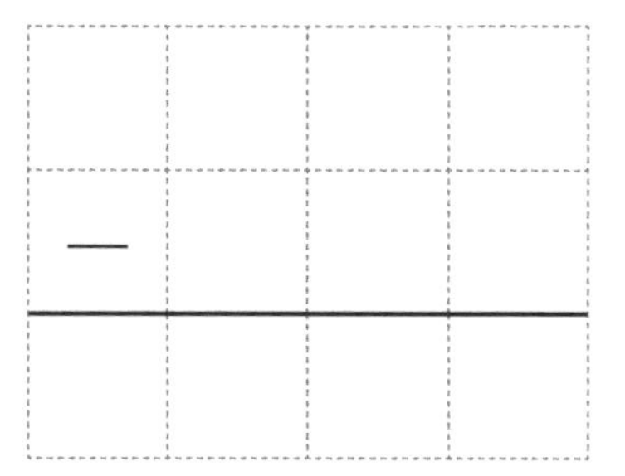

19 $894-548$

20 $743-315$

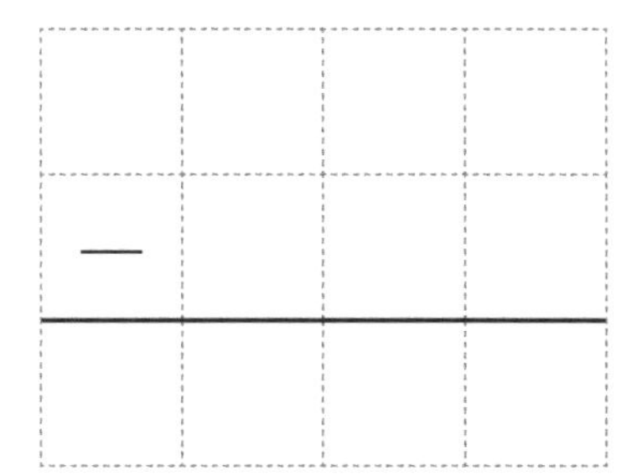

21 $908-492$

받아내림이 한 번 있는 세 자리 수의 뺄셈을 세로셈으로 해 보세요.

01

	7	7	0
−	1	4	5

02

	3	4	1
−	2	1	8

03

	4	6	9
−	1	8	5

04

	5	2	7
−	3	6	5

05

	7	0	6
−	1	7	2

06

	8	2	8
−	5	9	7

07

	5	4	1
−	3	1	8

08

	9	7	1
−	4	3	5

09

	6	9	0
−	2	6	9

10

	9	7	6
−	7	2	8

11

	8	5	9
−	3	7	4

12

	9	1	6
−	2	4	3

13

	6	4	3
−	1	3	7

14

	6	5	8
−	3	1	9

15

	5	5	3
−	2	3	9

16

	4	9	0
−	3	6	9

17

	8	6	0
−	2	4	5

18

	7	2	8
−	5	9	7

19

	9	1	5
−	5	6	3

20

	8	9	4
−	4	5	8

21

	9	4	3
−	2	1	8

22

	3	8	5
−	1	3	7

23

	9	8	0
−	1	5	7

24

	8	8	2
−	1	1	8

25

	7	4	9
−	1	9	5

26

	7	9	3
−	6	4	8

27

	6	6	2
−	3	2	6

사다리를 타고 내려오며 뺄셈을 하여 알맞은 수를 구해 보세요.

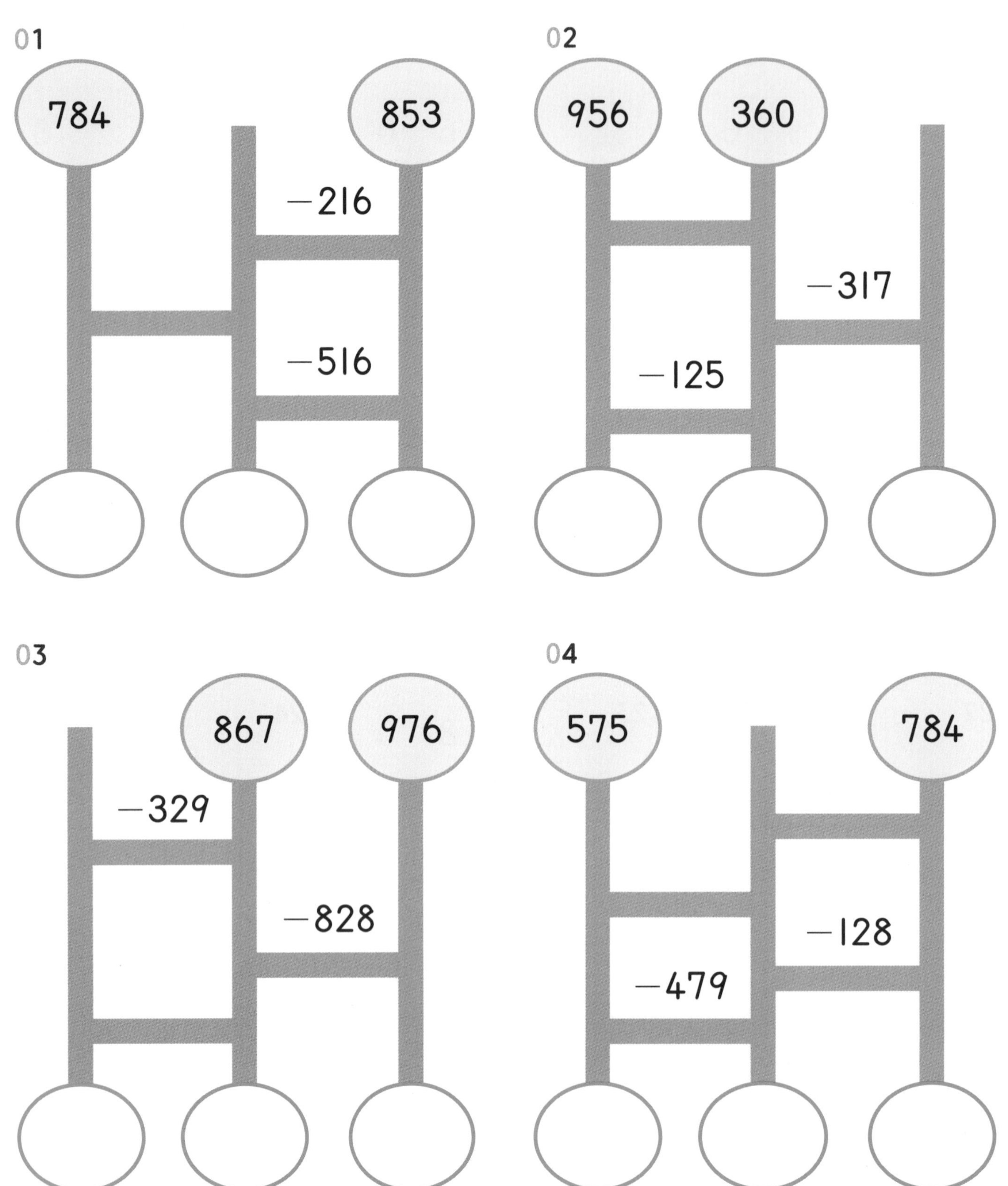

두 수의 차가 동물들이 들고 있는 수가 되도록 두 수를 묶어 보세요.

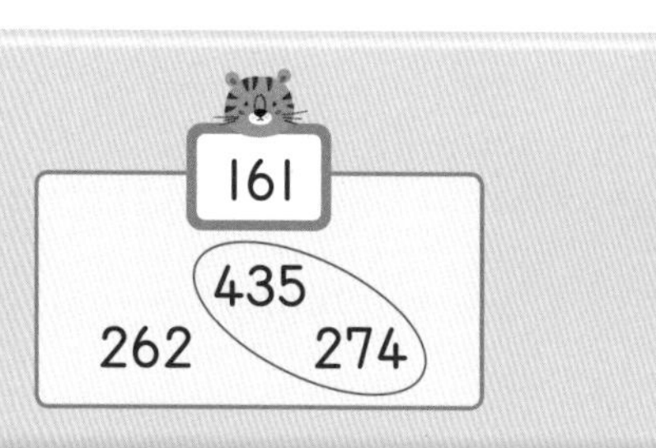

01

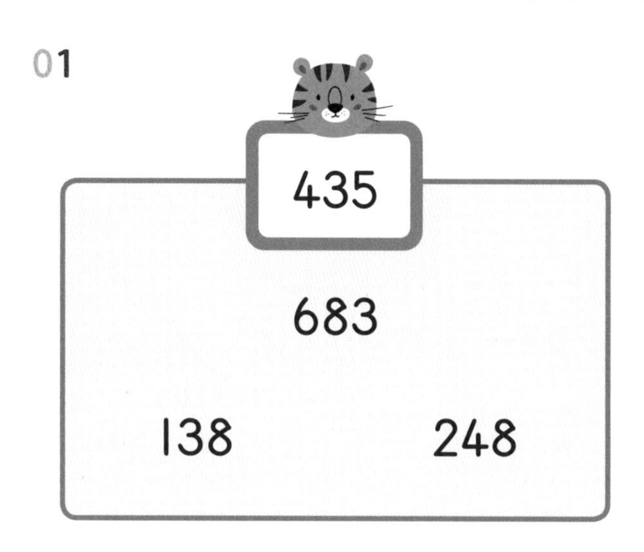

02

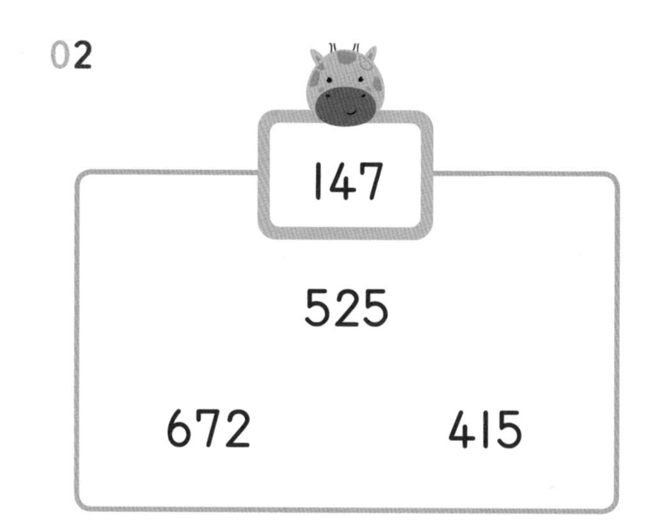

03

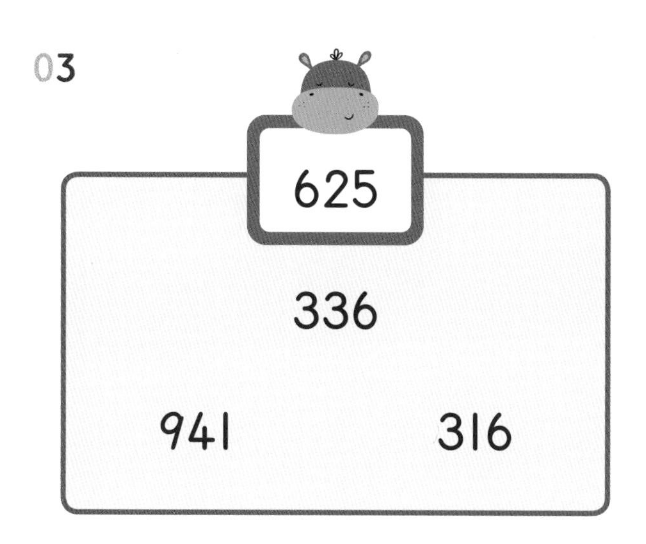

04

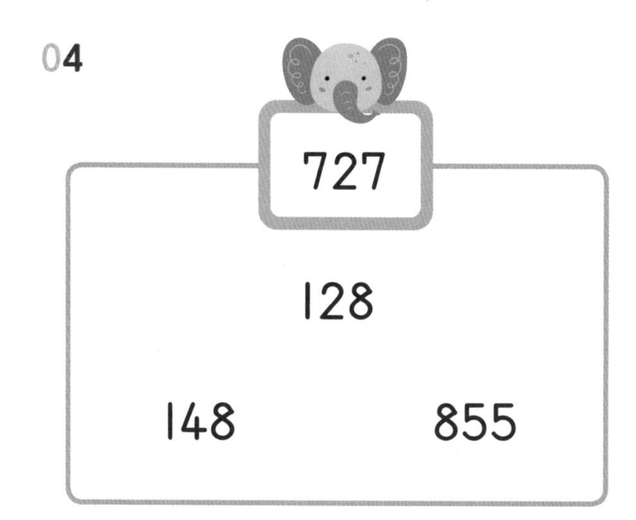

05

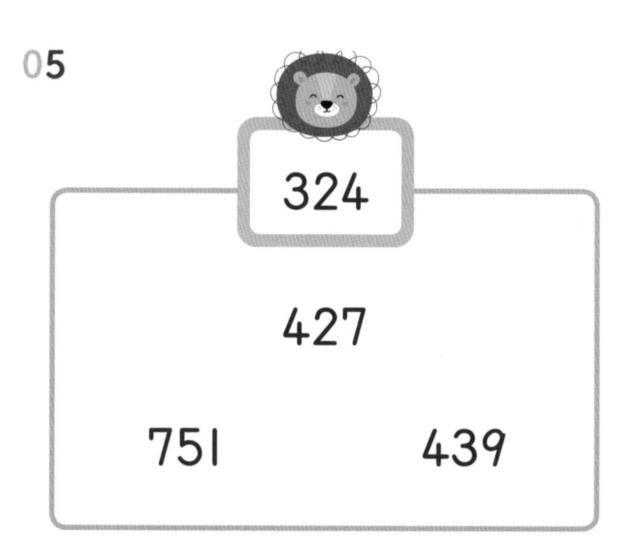

06

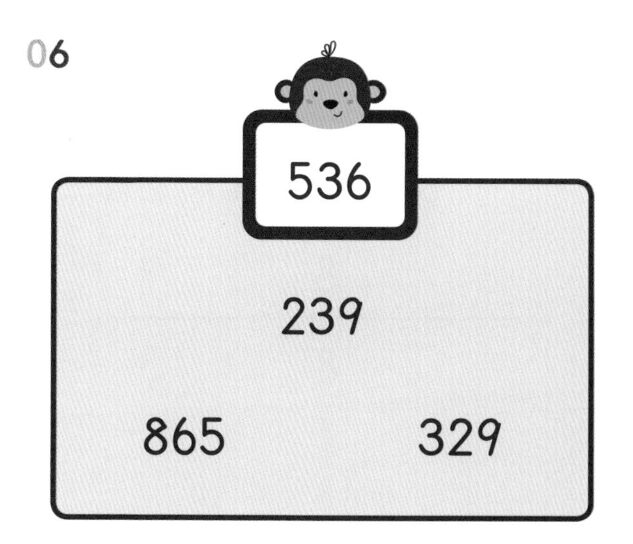

받아내림이 두 번 있는 뺄셈

받아내림이 두 번 있는 세 자리 수 또는 네 자리 수의 뺄셈은 일의 자리부터 계산하고 받아내림이 필요한 자리에 10으로 받아내려 계산해요.

1 받아내림이 백의 자리와 십의 자리에서 있는 경우

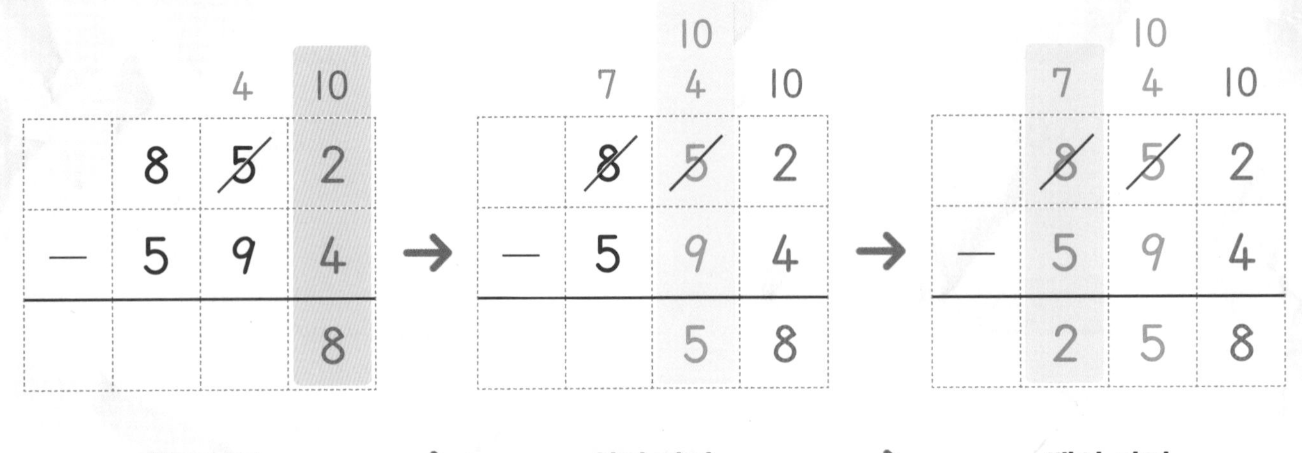

일의 자리 → **십의 자리** → **백의 자리**

십의 자리에서 10을 일의 자리로 받아내려 계산하면 12-4=8

백의 자리에서 10을 십의 자리로 받아내리고 남은 4와 계산하면 14-9=5

7-5=2

2 받아내림이 두 번 있는 (네 자리 수)－(세 자리 수)

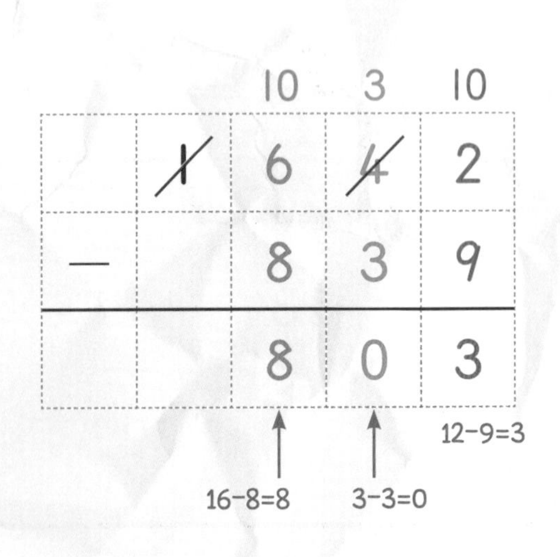

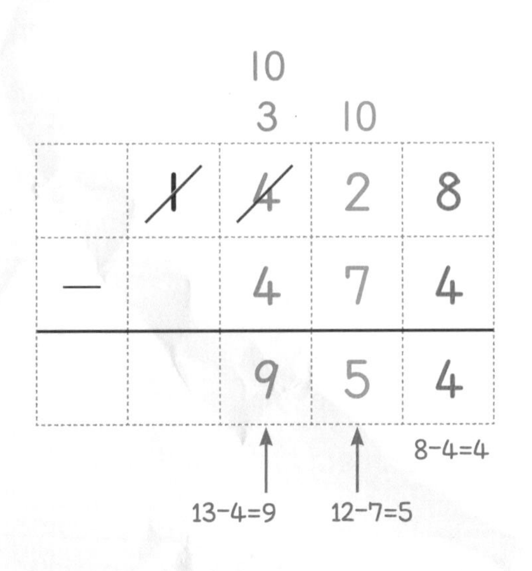

받아내림이 두 번 있는 뺄셈을 일의 자리 수부터 차례대로 계산해 보세요.

		3	10
	7	~~4~~	3
−	3	5	8
			5

→

	6	10 3	10
	~~7~~	~~4~~	3
−	3	5	8
		8	5

→

	6	10 3	10
	~~7~~	~~4~~	3
−	3	5	8
	3	8	5

444−269 계산하기

01

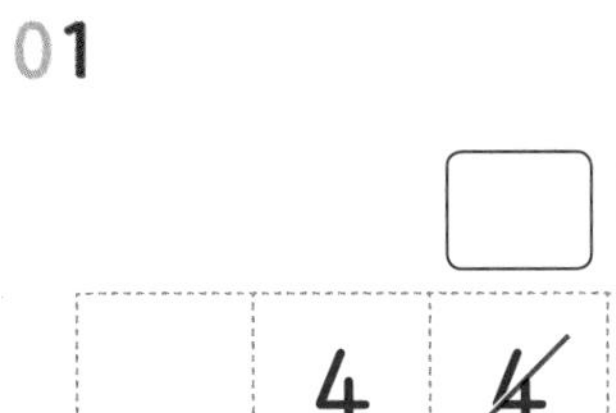

	4	~~4~~	4
−	2	6	9
			□

→

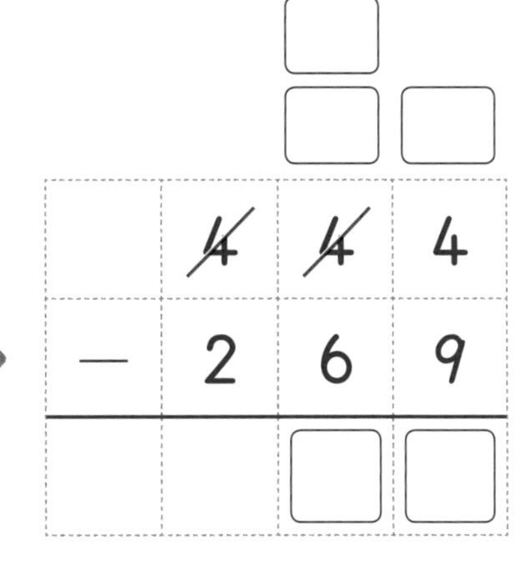

	~~4~~	~~4~~	4
−	2	6	9
		□	□

→

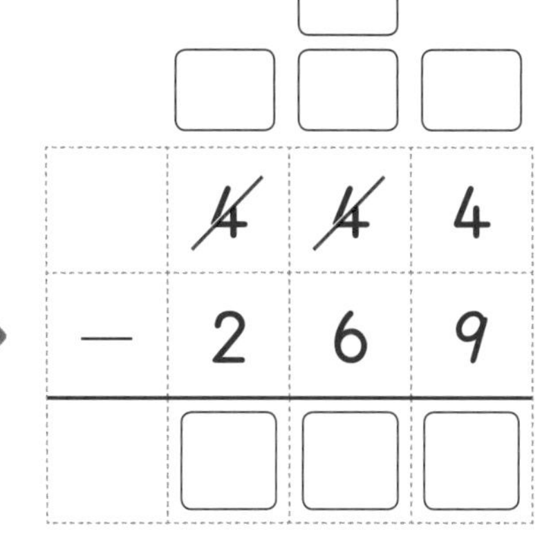

	~~4~~	~~4~~	4
−	2	6	9
	□	□	□

1575−927 계산하기

02

	1	5	~~7~~	5
−		9	2	7
				□

→

	1	5	~~7~~	5
−		9	2	7
			□	□

→

	~~1~~	5	~~7~~	5
−		9	2	7
		□	□	□

원리가 쏙쏙 | 적용이 척척 | 풀이가 술술 | 실력이 쑥쑥

받아내림이 두 번 있는 세 자리 수의 뺄셈을 세로셈으로 해 보세요.

	□	1	10
	5	2	2
−	3	5	8
			4

→

	4	11	10
	5	2	2
−	3	5	8
	1	6	4

01

	5	11	10
	6	2	3
−	1	6	5

02

	□	□	□
	3	3	7
−	1	4	8

03

	□	□	□
	7	2	0
−	4	6	6

04

	□	□	□
	9	2	3
−	6	8	5

05

	□	□	□
	3	7	8
−	1	7	9

06

	□	□	□
	8	2	1
−	5	4	7

십의 자리에서 받아내릴 수 없기 때문에 백의 자리에서 십의 자리로, 십의 자리에서 일의 자리로 연속하여 받아내려요. 따라서 백의 자리에서 십의 자리로 9, 일의 자리로 10을 받아내린 것과 같아요.

07

	7	9	10
	8	0	5
−	1	5	9

08

	□	□	□
	5	0	2
−	1	1	5

09

	□	□	□
	7	0	0
−	5	3	5

받아내림이 두 번 있는
(네 자리 수)－(세 자리 수)를
세로셈으로 해 보세요.

	10	7	10	
	~~1~~	3	~~8~~	4
－		7	6	6
		6	1	8

	12	10		
	~~1~~	~~3~~	6	5
－		6	8	5
		6	8	0

01

		10	4	10
	~~1~~	8	~~5~~	3
－		9	2	5

02

	~~1~~	2	~~8~~	4
－		7	6	6

03

	1	3	3	0
－		4	1	7

04

		11	10	
	~~1~~	~~2~~	5	9
－		8	6	2

05

	~~1~~	~~5~~	4	0
－		7	5	0

06

	1	1	4	7
－		9	5	2

07

	1	0	7	8
－		6	3	9

08

	1	4	0	6
－		6	6	2

09

	1	4	7	5
－		9	2	7

받아내림이 두 번 있는 (세 자리 수)－(세 자리 수)를 해 보세요.

01

	8	6	3
－	3	8	5

02

	5	1	2
－	2	7	8

03

	9	2	0
－	5	2	9

04

	5	1	3
－	2	5	4

05

	6	1	7
－	1	1	9

06

	8	1	0
－	6	3	9

07

	9	2	1
－	2	3	2

08

	8	2	6
－	2	5	7

09

	6	4	2
－	3	9	3

10

	7	4	7
－	3	8	9

11

	9	2	2
－	5	3	4

12

	8	8	6
－	3	9	8

받아내림이 두 번 있는 (네 자리 수)－(세 자리 수)를 해 보세요.

01

	1	5	3	0
−		6	1	4

02

	1	0	8	3
−		3	9	1

03

	1	0	9	2
−		9	7	7

04

	1	6	5	0
−		6	8	0

05

	1	0	5	8
−		6	2	9

06

	1	3	0	0
−		5	7	0

07

	1	0	9	3
−		8	7	7

08

	1	0	4	4
−		6	7	1

09

	1	3	3	7
−		7	6	3

10

	1	3	1	6
−		5	0	8

11

	1	2	6	9
−		5	7	2

12

	1	7	5	3
−		9	2	5

받아내림이 두 번 있는 뺄셈을 주어진 방법으로 계산해 보세요.

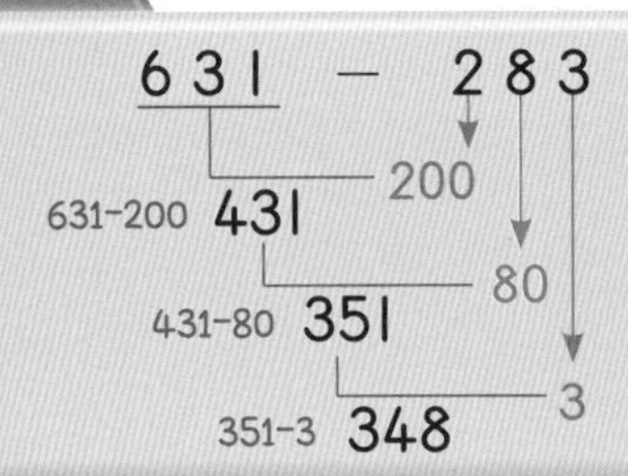

01 458 − 169

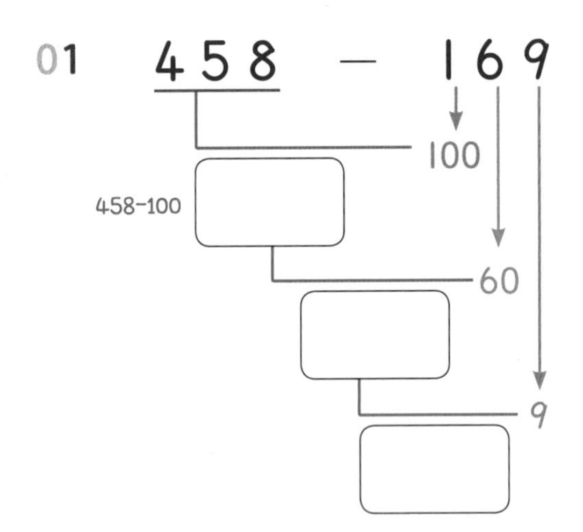

02 526 − 347

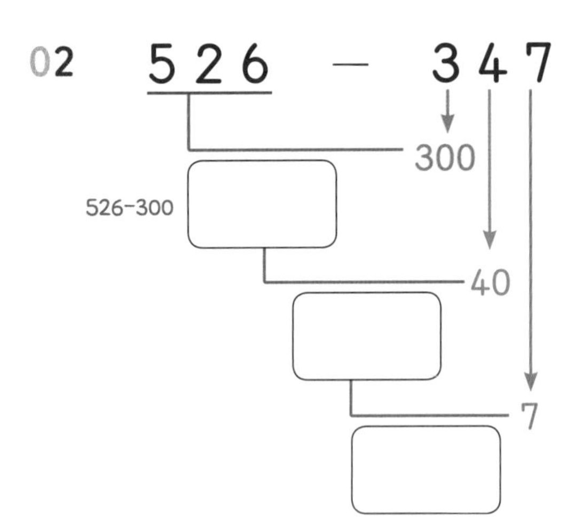

03 751 − 173

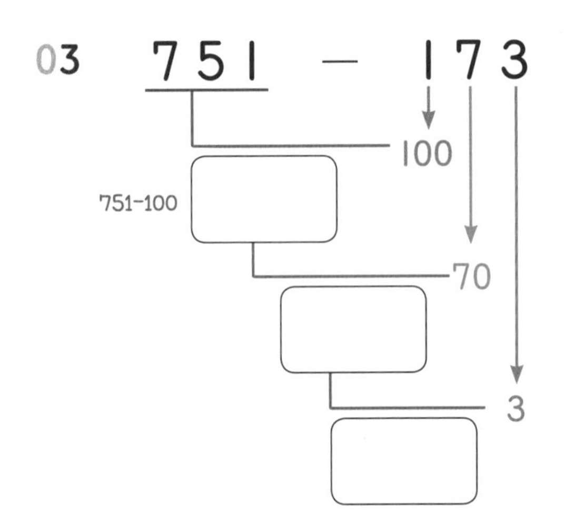

04 613 − 256

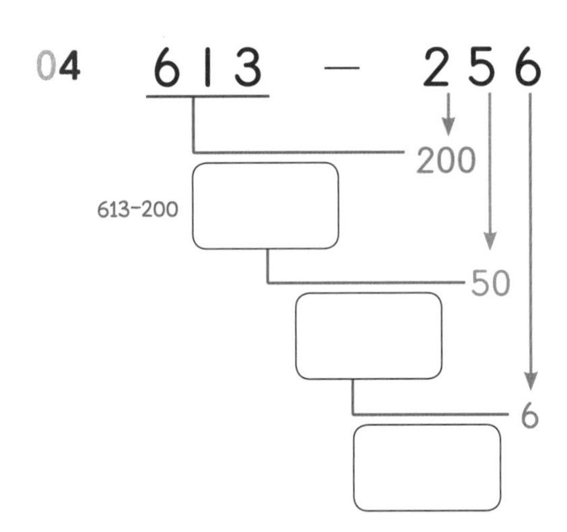

05 826 − 359

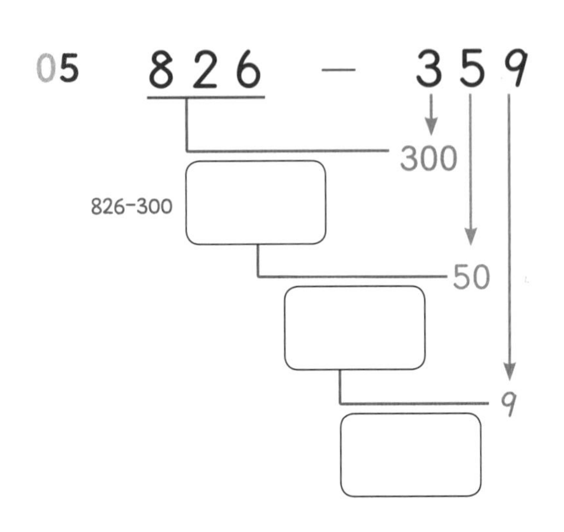

06 956 − 288

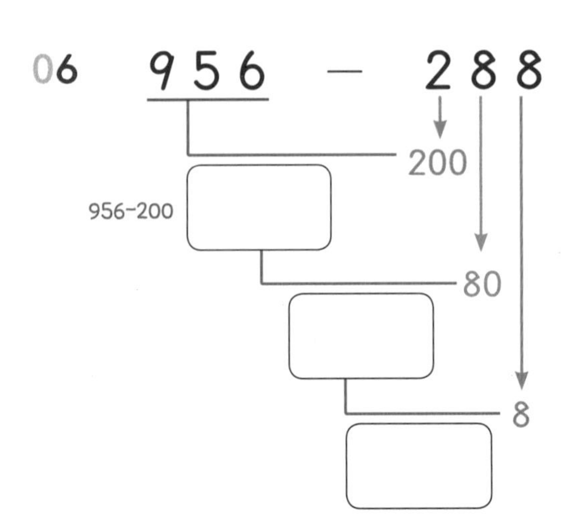

받아내림이 두 번 있는 뺄셈을
주어진 방법으로 계산해 보세요.

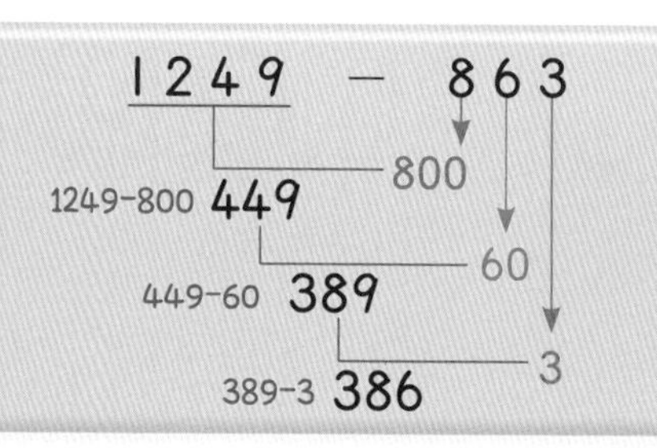

01 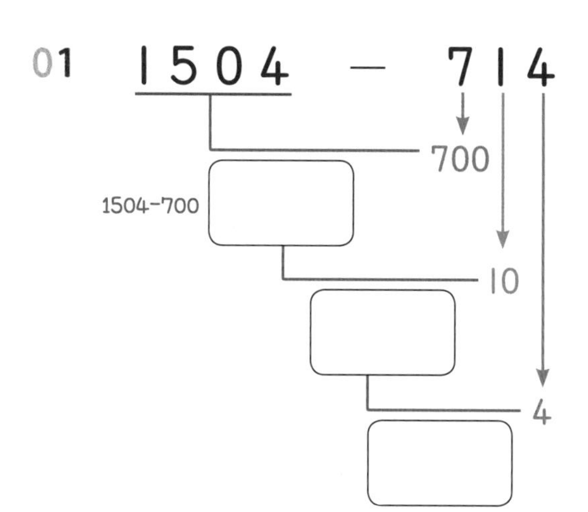

02 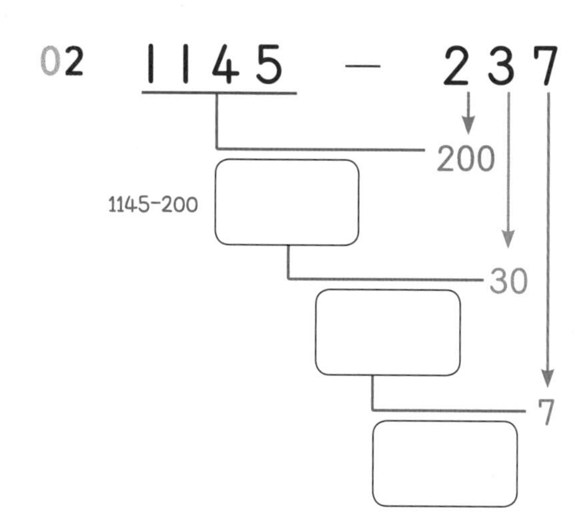

03 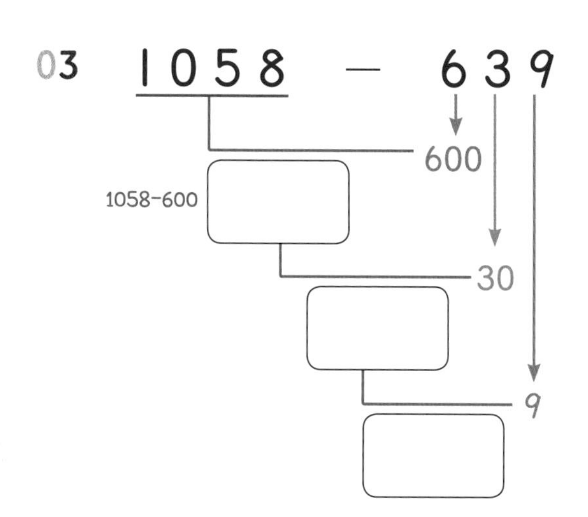

04 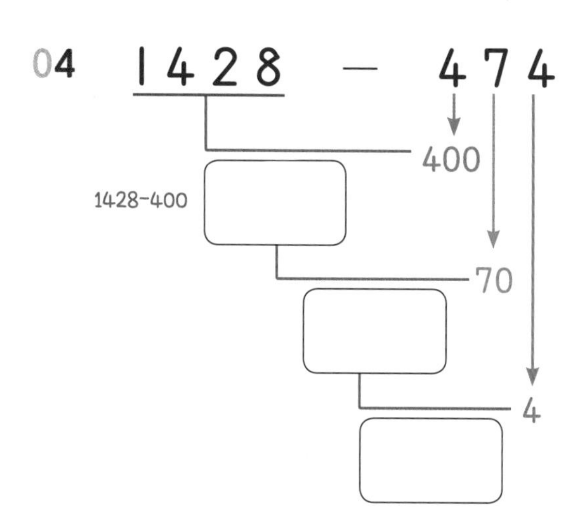

05 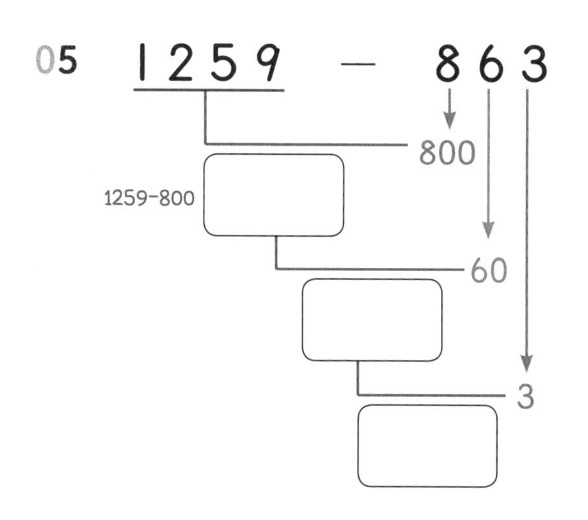

06 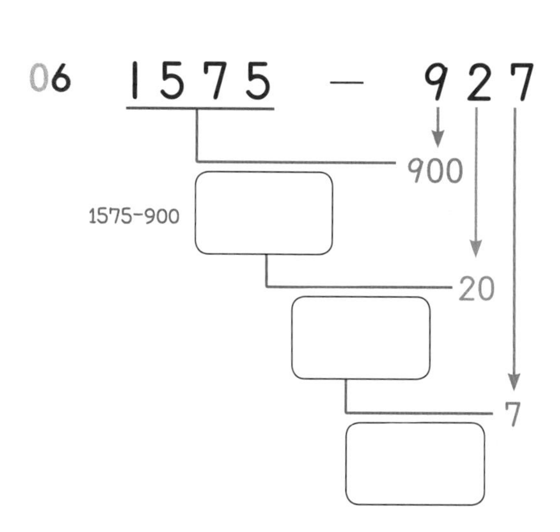

받아내림이 세 번 있는 (네 자리 수)−(세 자리 수)

받아내림이 세 번 있는 뺄셈은 일의 자리부터 천의 자리까지 계산하고,
십의 자리부터 10으로 차례대로 받아내려 계산해요.

1 받아내림이 세 번 있는 (네 자리 수)−(세 자리 수)

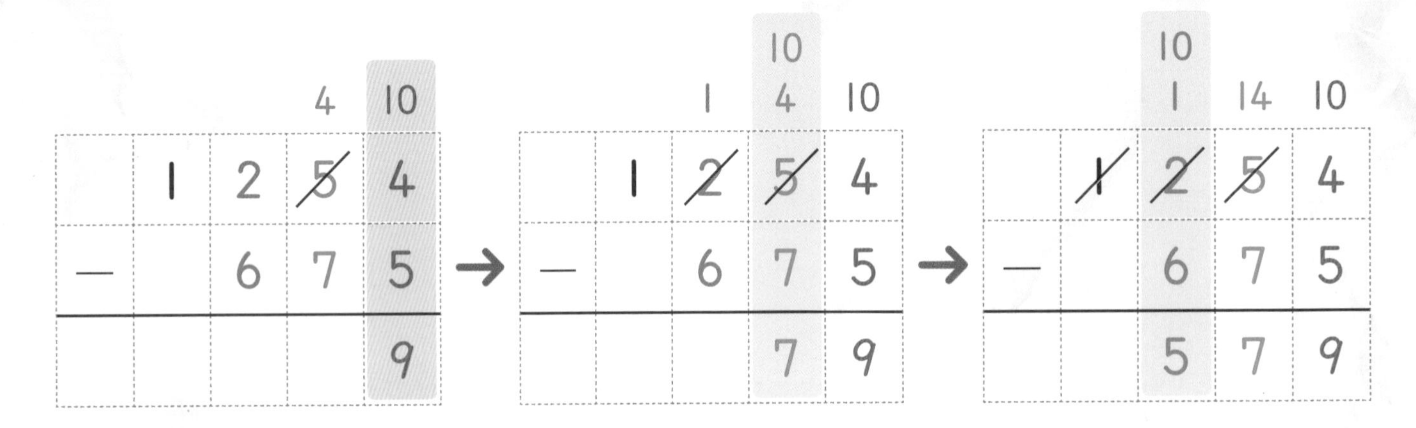

일의 자리 → **십의 자리** → **백의 자리**

일의 자리: 십의 자리에서 10을 일의 자리로 받아내려 계산하면 14−5=9

십의 자리: 백의 자리에서 10을 십의 자리로 받아내려 계산하면 14−7=7

백의 자리: 천의 자리에서 10을 백의 자리로 받아내려 계산하면 11−6=5

		13	16	10
	~~1~~	~~4~~	~~7~~	7
−		6	7	8
		7	9	9

13−6=7　16−7=9　17−8=9

		9	10 1	10
	~~1~~	~~0~~	~~2~~	1
−		8	4	6
		1	7	5

9−8=1　11−4=7　11−6=5

백의 자리에서 받아내림할 수 없기 때문에 천의 자리에서 백의 자리로 9, 십의 자리로 10을 받아내려 계산해요.

받아내림이 세 번 있는 뺄셈을 일의 자리 수부터 차례대로 계산해 보세요.

		4	10			10				10	
					2	4	10		2	14	10
1	3	~~5~~	3	1	~~3~~	~~5~~	3	~~1~~	~~3~~	~~5~~	3
−	7	9	4	−	7	9	4	−	7	9	4
			9			5	9		5	5	9

1121−739 계산하기

01

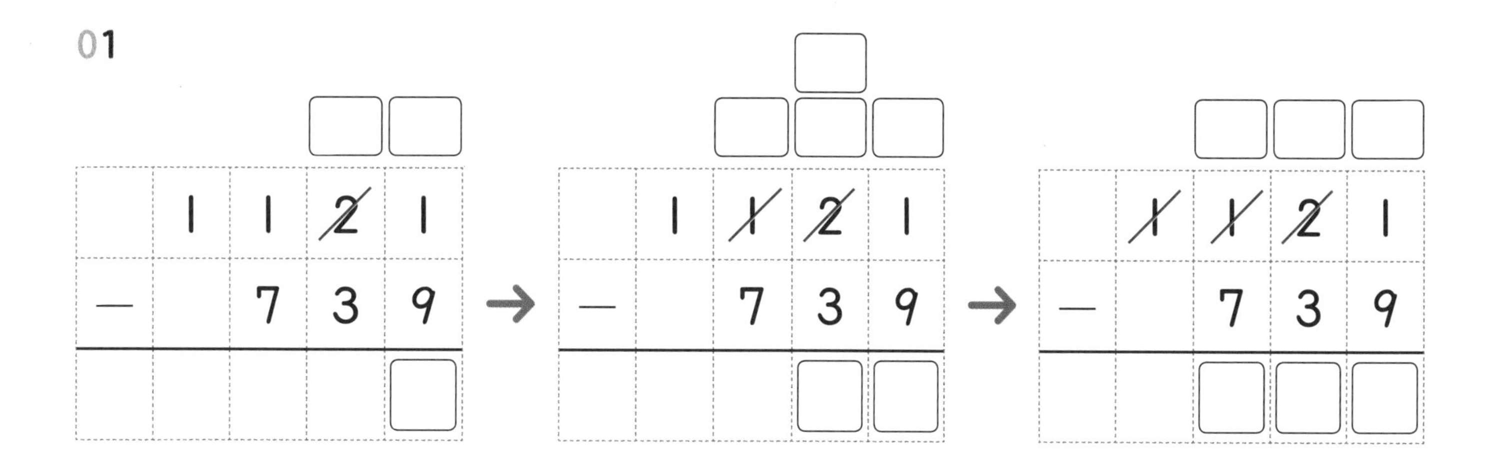

1453−867 계산하기

02

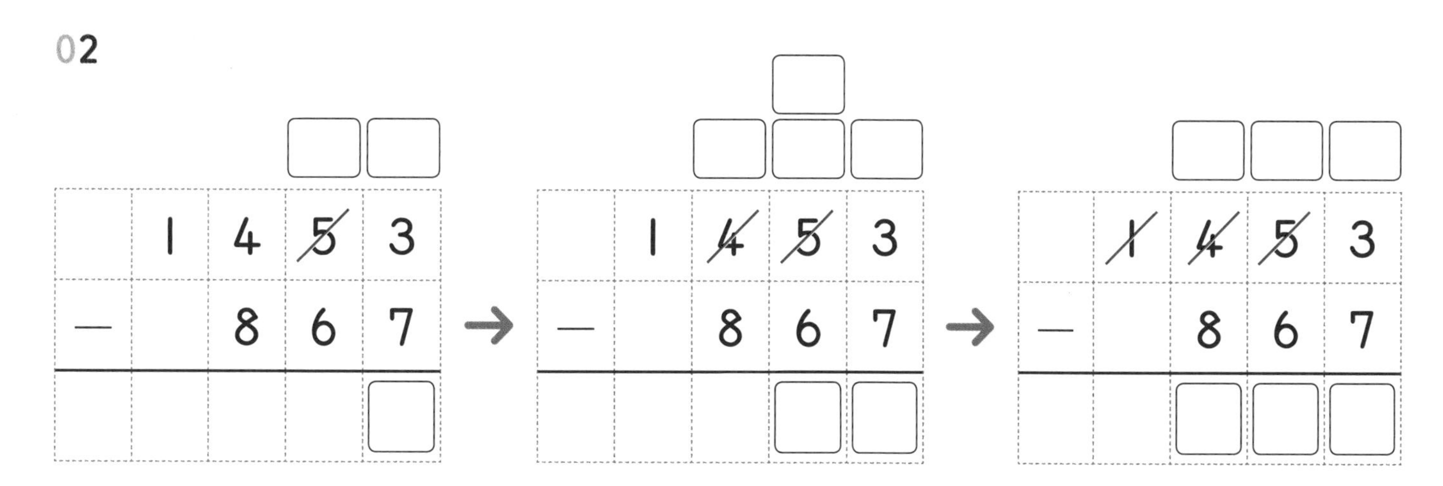

받아내림이 세 번 있는 뺄셈을
받아내림을 표시하며 계산해 보세요.

	14	13	10
	~~1~~	~~5~~	~~4~~	3
−		5	9	7
		9	4	6

01

	12	15	10
	~~1~~	~~3~~	~~6~~	3
−		4	7	8

02

	~~1~~	~~2~~	~~5~~	1
−		5	9	8

03

	~~1~~	~~1~~	~~3~~	2
−		8	3	9

04

	1	6	2	7
−		8	7	9

05

	1	2	5	6
−		6	9	7

06

	1	5	2	3
−		7	9	5

07

	1	3	6	1
−		3	9	5

08

	1	3	4	3
−		8	7	5

09

	1	6	7	0
−		7	9	5

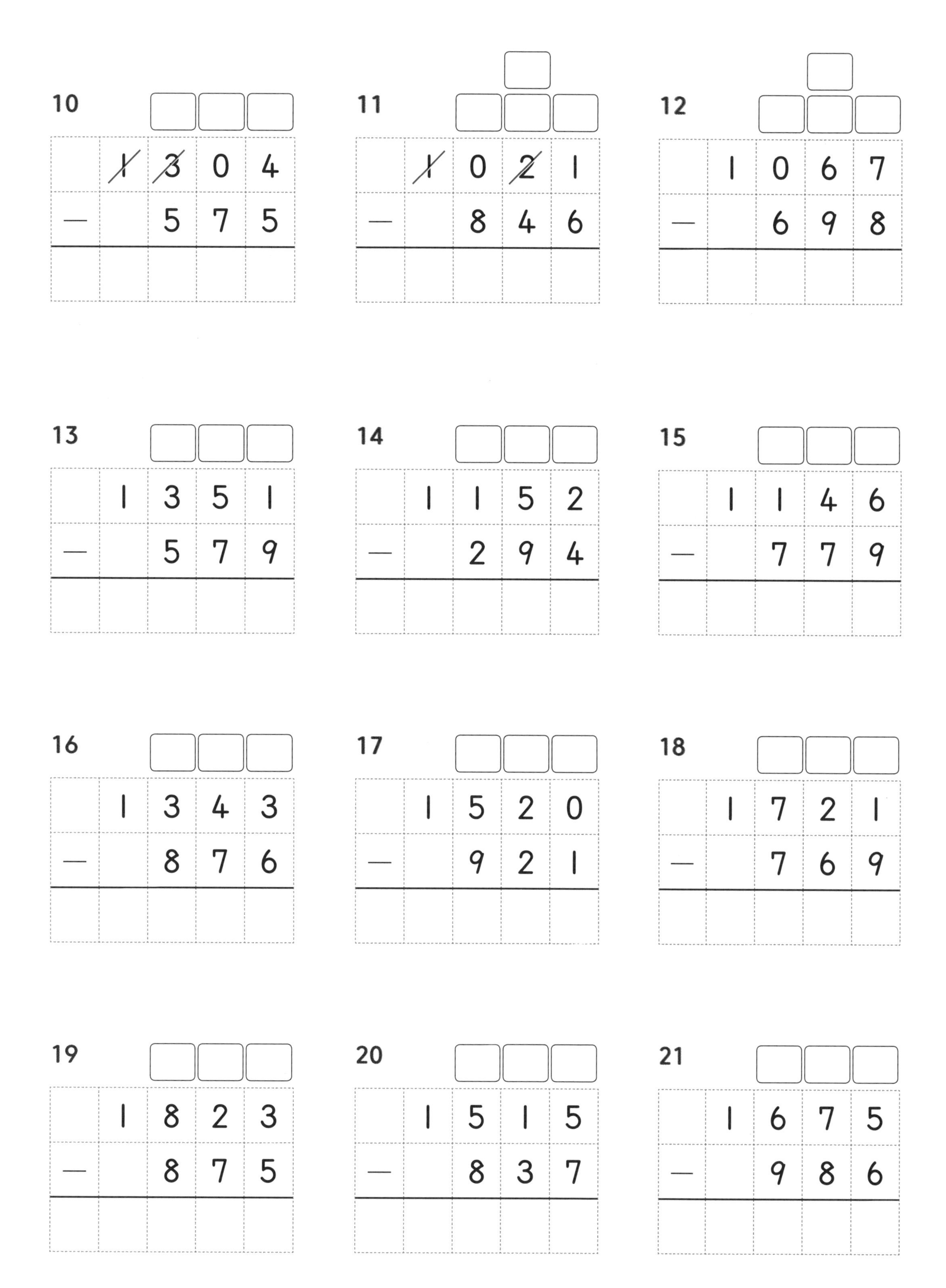
10
1304
− 575
11
1021
− 846
12
1067
− 698
13
1351
− 579
14
1152
− 294
15
1146
− 779
16
1343
− 876
17
1520
− 921
18
1721
− 769
19
1823
− 875
20
1515
− 837
21
1675
− 986

받아내림이 세 번 있는 (네 자리 수)－(세 자리 수)를 세로셈으로 해 보세요.

01

	1	5	3	7
－		8	9	8

02

	1	1	5	4
－		9	5	7

03

	1	4	2	0
－		9	2	1

04

	1	0	3	1
－		8	7	5

05

	1	3	3	1
－		5	7	4

06

	1	1	1	4
－		8	9	9

07

	1	3	2	4
－		5	6	8

08

	1	7	1	6
－		9	4	7

09

	1	4	1	3
－		8	1	9

10

	1	3	7	7
－		6	7	8

11

	1	5	1	4
－		8	3	7

12

	1	1	5	1
－		2	9	4

13

	1	8	6	7
−		9	9	8

14

	1	3	6	1
−		3	9	4

15

	1	2	4	1
−		7	9	8

16

	1	5	5	2
−		9	8	6

17

	1	1	7	6
−		8	9	8

18

	1	3	5	2
−		4	6	7

19

	1	2	1	4
−		4	6	8

20

	1	4	3	1
−		9	6	4

21

	1	5	3	2
−		8	6	9

22

	1	3	0	4
−		4	7	5

23

	1	4	2	3
−		8	4	9

24

	1	3	6	0
−		3	9	4

받아내림이 세 번 있는 뺄셈을 주어진 방법으로 계산해 보세요.

1156−779 (779 → 700 + 70 + 9)

	1	1	5	6
−		7	0	0
		4	5	6
−			7	0
		3	8	6
−				9
		3	7	7

01 1356−879

	1	3	5	6
−		8	0	0
−			7	0
−				9

02 1211−487

	1	2	1	1
−		4	0	0
−			8	0
−				7

03 1660−794

	1	6	6	0
−		7	0	0
−			9	0
−				4

04 1521−922

	1	5	2	1
−		9	0	0
−			2	0
−				2

05 1023−875

	1	0	2	3
−		8	0	0
−			7	0
−				5

06 1423−798

	1	4	2	3
−		7	0	0
−			9	0
−				8

07 1263−396

	1	2	6	3
−		3	0	0
−			9	0
−				6

08 1347−649

	1	3	4	7
−		6	0	0
−			4	0
−				9

09 1022−567

	1	0	2	2
−		5	0	0
−			6	0
−				7

10 1525−668

	1	5	2	5
−		6	0	0
−			6	0
−				8

11 1153−874

	1	1	5	3
−		8	0	0
−			7	0
−				4

5~8 연산의 활용

2에서 배운 연산으로 해결해 봐요!

▶ 두 수의 차가 가장 큰 수 또는 가장 작은 수로 만들어 봐요

주어진 두 수를 골라 조건에 맞게 두 수의 차를 구해 보세요.

01

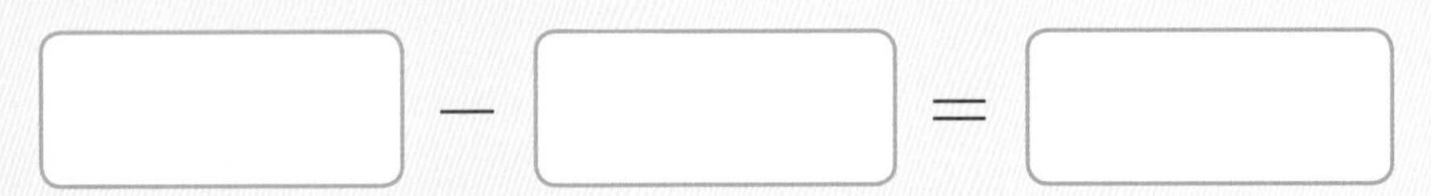

637	172	432	311

두 수의 차가 가장 큰 경우

☐ − ☐ = ☐

02

501	243	382	129

두 수의 차가 가장 작은 경우

☐ − ☐ = ☐

03

1530	926	744	1475

두 수의 차가 가장 큰 경우

☐ − ☐ = ☐

▶ **규칙에 맞게 계산해 봐요**

오른쪽 규칙에 따라 순서대로 뺄셈을 해 보세요.

726 ⬆ 479 = 726 − 479

385 ⬇ 863 = 863 − 385

01 1659 ⬆ 787 ⬆ 558 = ☐

02 413 ⬆ 256 ⬇ 716 = ☐

03 489 ⬇ 1324 ⬆ 469 = ☐

04 794 ⬇ 1613 ⬇ 1506 = ☐

▶ 문장의 뜻을 이해하며 식을 세워 봐요

이야기 속에 주어진 조건을 생각하며 뺄셈식을 세우고 답을 구해 보세요.

01 소민이네 학교 학생은 모두 870명이고, 찬현이네 학교 학생은 673명입니다. 소민이네 학교 학생이 몇 명 더 많습니까?

식 답 명

02 이서는 435쪽짜리 책을 오늘까지 176쪽 읽었습니다. 남은 책은 몇 쪽입니까?

식 답 쪽

03 주형이는 그동안 모았던 구슬 756개 중에서 동생에게 227개를 주었습니다. 남은 구슬은 몇 개입니까?

식 답 개

04 공연장에 1423명의 관람객이 있습니다. 관람객 중 598명이 의자에 앉아 있을 때, 서 있는 사람은 몇 명입니까?

식 답 명

2에서 무엇을 배웠을까요?

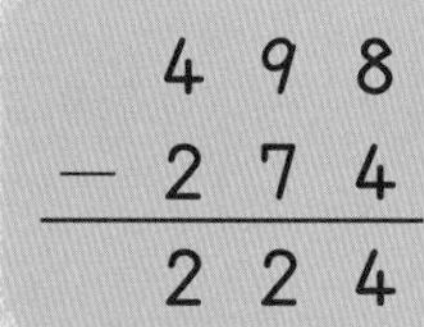

	4	9	8
−	2	7	4
	2	2	4

받아내림이 한 번 있는 (세 자리 수)−(세 자리 수)

십의 자리 또는 백의 자리에서 10을 바로 아래 자리로 받아내려 계산해요.

받아내림이 없는 (세 자리 수)−(세 자리 수)

받아내림이 없는 세 자리 수끼리의 뺄셈은 자리 수를 맞추어 같은 자리 수끼리 빼요.

		7	10
	5	8	1
−	1	0	6
	4	7	5

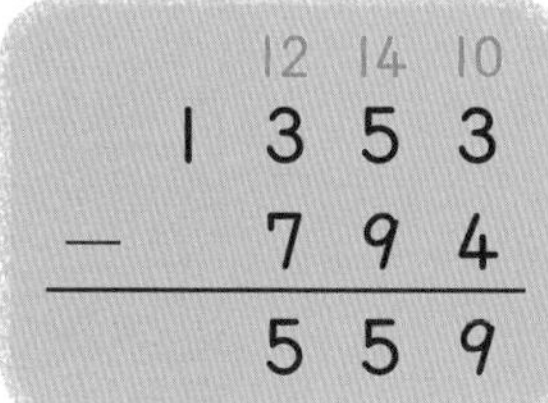

받아내림이 두 번 있는 뺄셈

받아내림이 두 번 있는 뺄셈은 일의 자리 수부터 계산하고, 받아내림이 필요한 자리에 받아내려 계산해요.

		12	14	10
	1	3	5	3
−		7	9	4
		5	5	9

	6	13	10
	7	4	3
−	3	5	8
	3	8	5

받아내림이 세 번 있는 (네 자리 수)−(세 자리 수)

일의 자리부터 천의 자리까지 계산하고, 십의 자리부터 차례대로 10으로 받아내려 계산해요.

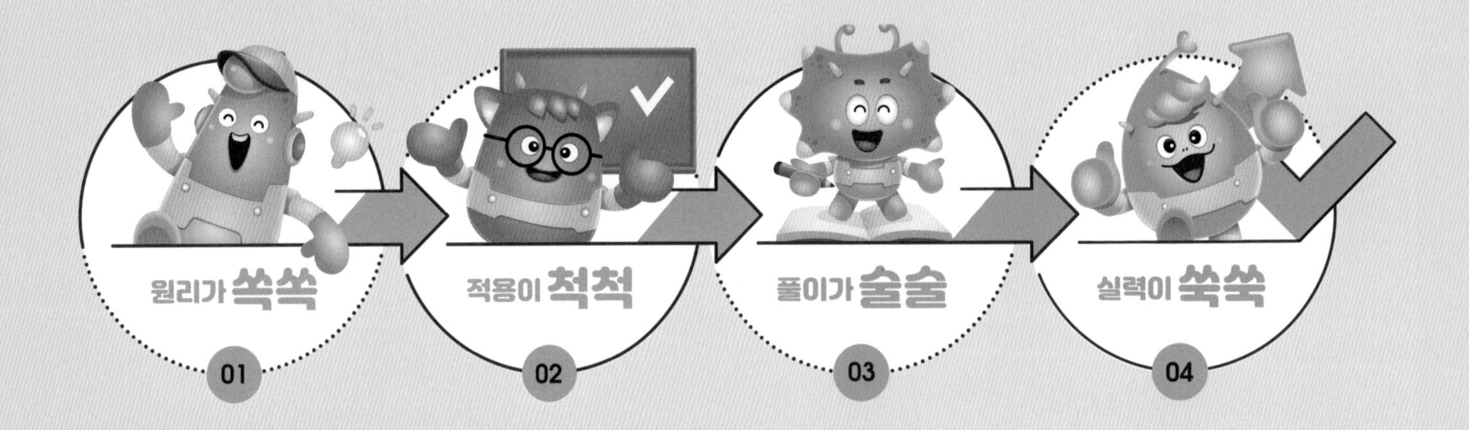
원리가 쏙쏙
01
적용이 척척
02
풀이가 술술
03
실력이 쑥쑥
04

3

세 수의 덧셈과 뺄셈

세 수의 덧셈과 뺄셈 1

세 수의 덧셈은 두 수를 먼저 더하고, 그 결과와 나머지 수를 계산해요.
세 수의 뺄셈은 앞에서부터 두 수를 먼저 계산하고, 그 결과와 나머지 수를 계산해요.

1 더하고 더하기

$344+248+132=724$

$592+132=724$

두 수 344와 248의 합을 먼저 구한 후 그 결과와 132의 합을 구해요.

$344+248+132=724$

$344+380=724$

세 수의 덧셈은 뒤의 두 수를 먼저 더해도 그 결과는 같아요.

2 빼고 빼기

$694-235-178=281$

$459-178=281$

두 수 694와 235의 차를 먼저 구한 후 그 결과와 178의 차를 구해요.

$694-235-178=$

$694-57=637$ ✕

세 수의 뺄셈을 할 때에 뒤의 두 수의 차를 먼저 계산하면 계산 결과가 달라져요. 따라서 반드시 앞에서부터 두 수씩 차례로 빼야 해요.

원리가 쏙쏙 적용이 척척 풀이가 술술 실력이 쑥쑥

계산 방법에 맞추어 세 수의 덧셈과 뺄셈을 해 보세요.

01 173+263+227 계산하기

$173 + 263 + 227 = \square$

$\square + \square = \square$

02 376+186+352 계산하기

$376 + 186 + 352 = \square$

$\square + \square = \square$

03 973−346−451 계산하기

$973 - 346 - 451 = \square$

$\square - \square = \square$

04 867−429−175 계산하기

$867 - 429 - 175 = \square$

$\square - \square = \square$

순서에 맞추어 세 수의 덧셈을 해 보세요.

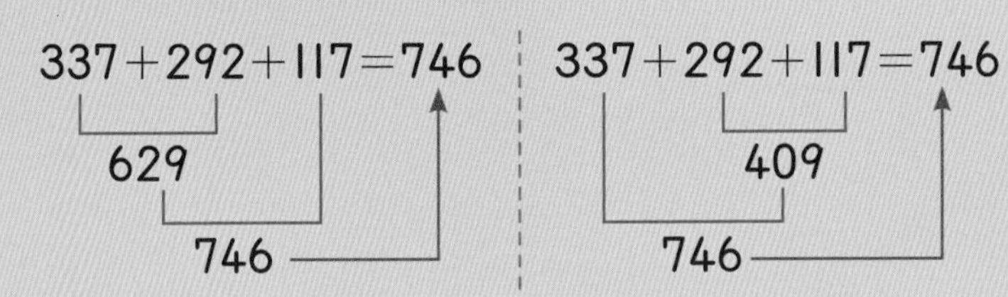

01 294+355+274=

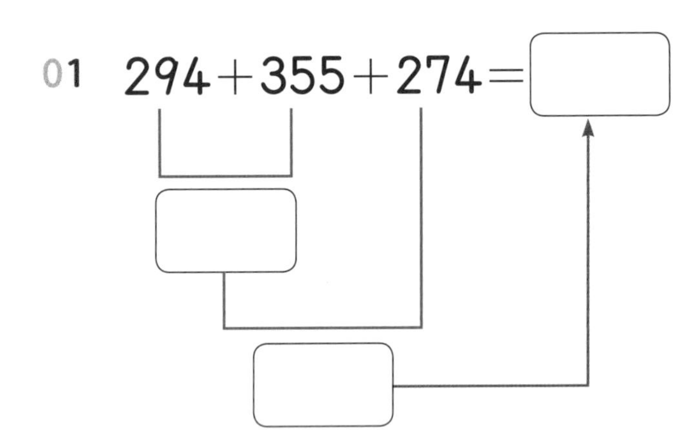

02 435+185+142=

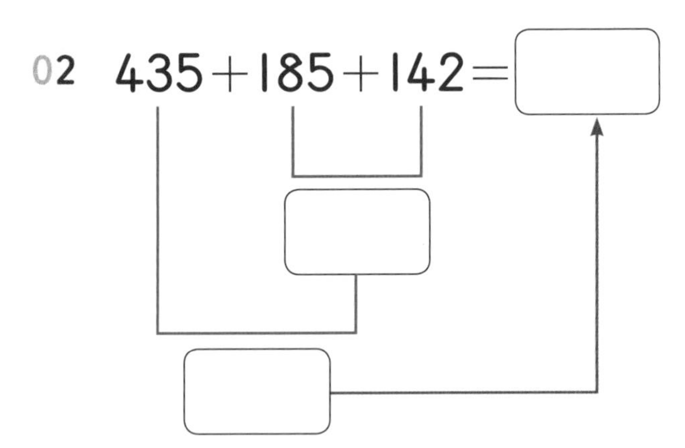

03 165+317+249=

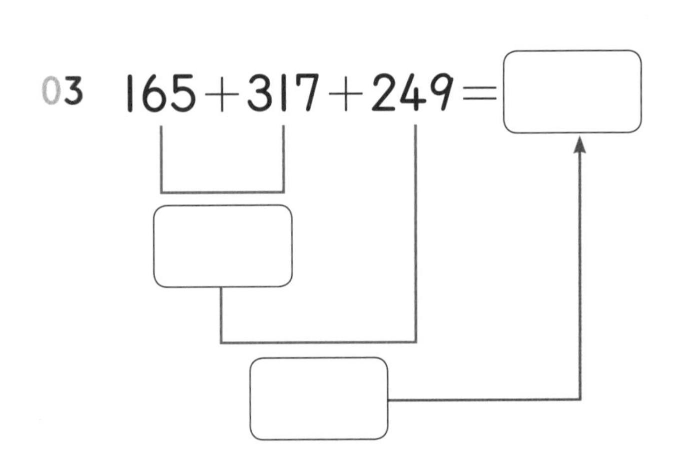

04 278+264+127=

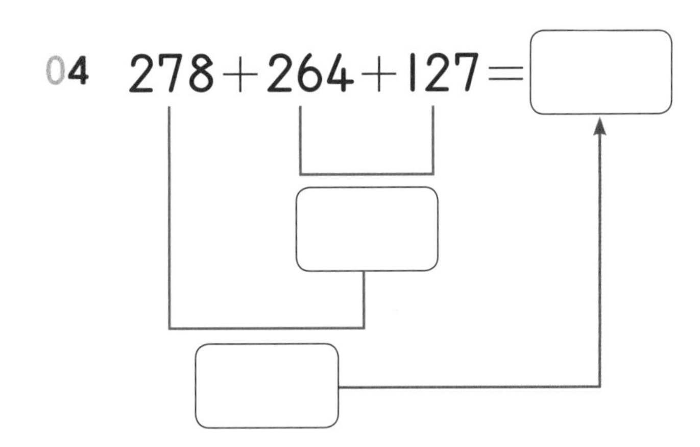

05 324+259+229=

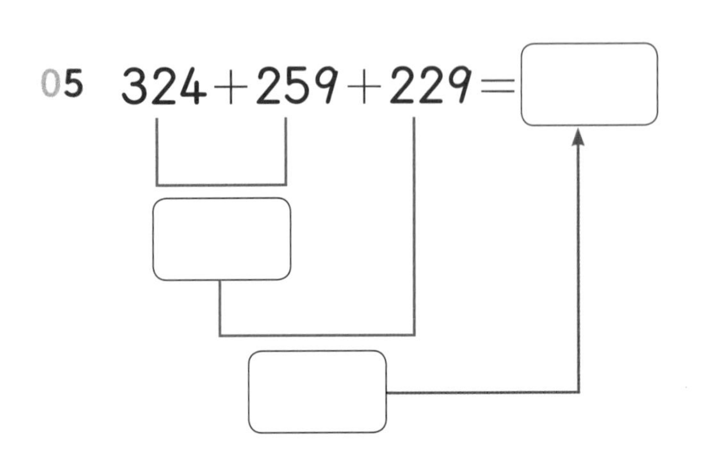

06 185+394+356=

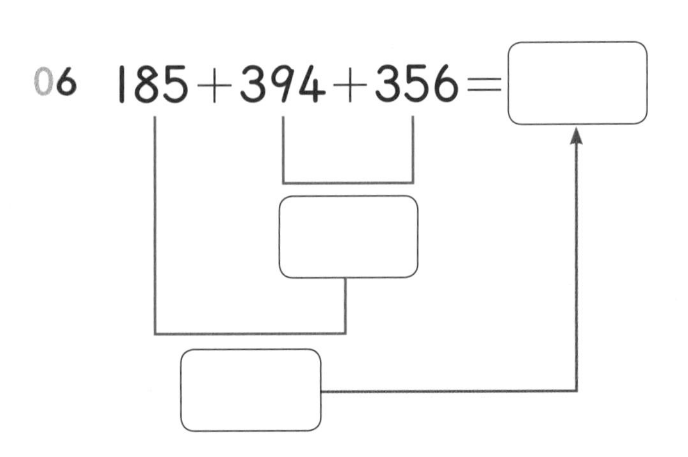

앞에서부터 차례로 세 수의 뺄셈을 해 보세요.

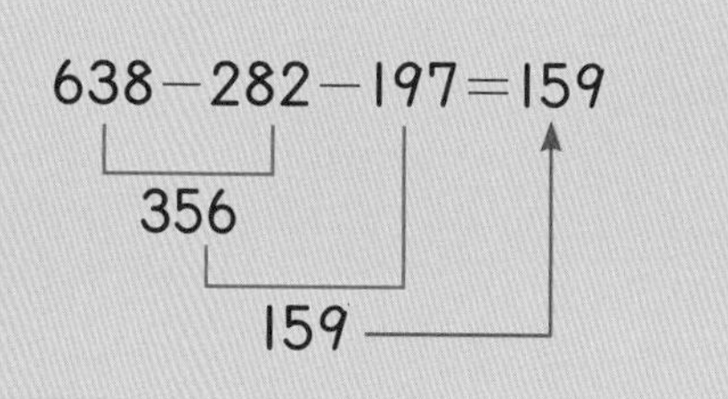

01 877－395－176＝

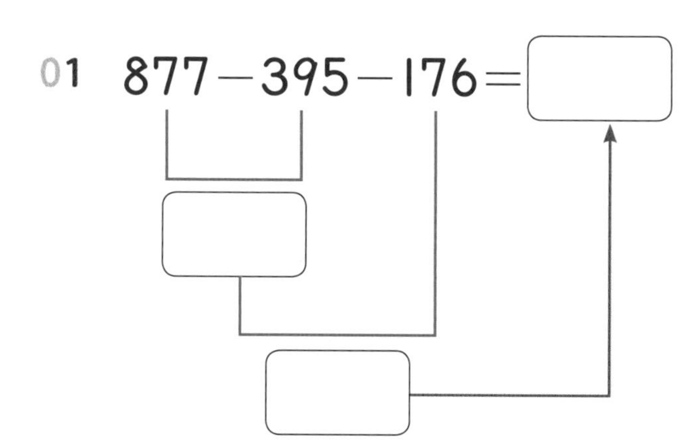

02 627－173－165＝

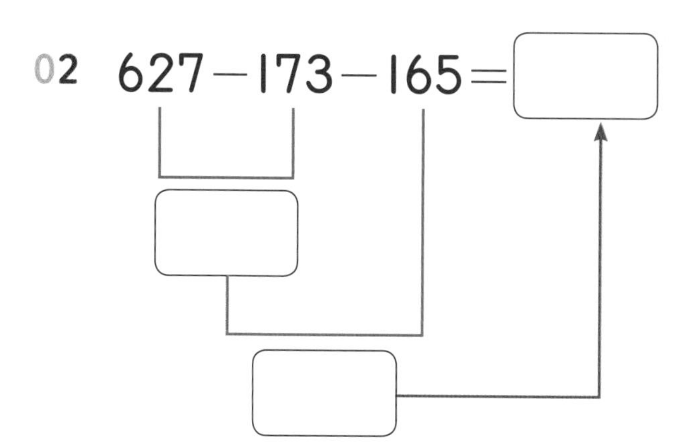

03 949－384－138＝

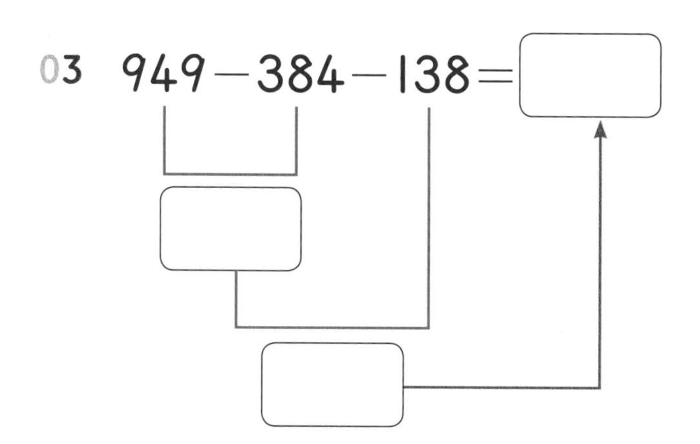

04 772－128－386＝

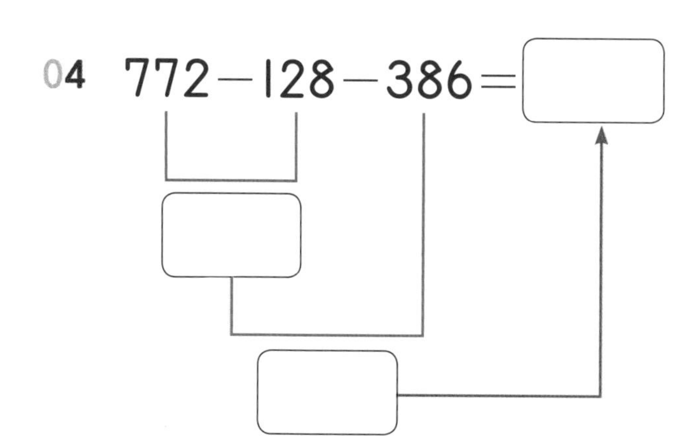

05 849－370－283＝

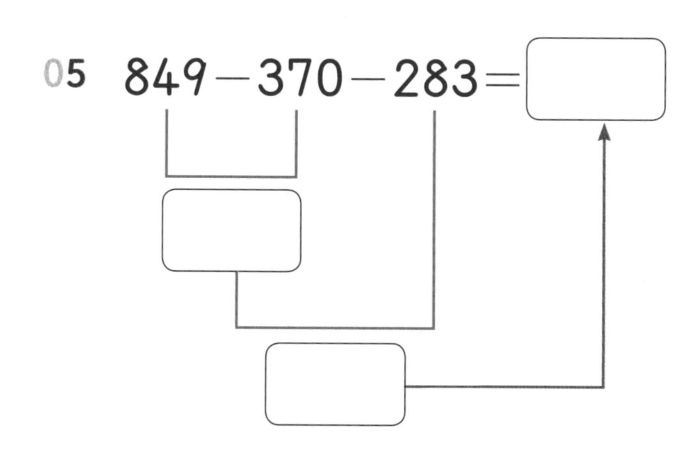

06 918－453－296＝

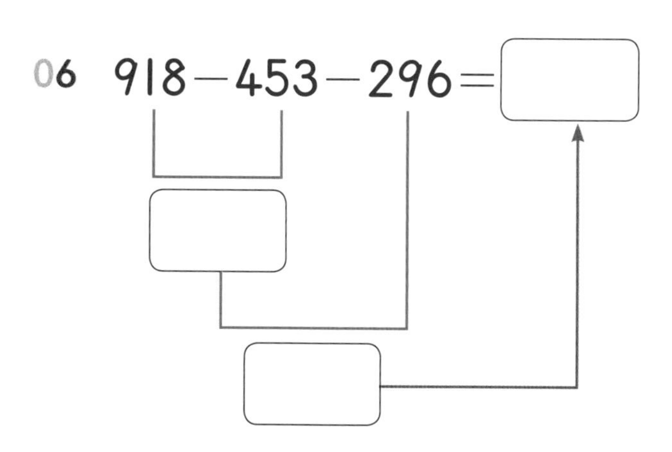

세 수의 덧셈을 세로셈으로 해 보세요.

326+186+628

		3	2	6
+		1	8	6
		5	1	2
+		6	2	8
	1	1	4	0

01

255+398+269

		2	5	5
+		3	9	8
+		2	6	9

02

384+468+491

		3	8	4
+		4	6	8
+		4	9	1

03

129+798+203

		1	2	9
+		7	9	8
+		2	0	3

04

169+579+462

		1	6	9
+		5	7	9
+		4	6	2

05

456+373+651

		4	5	6
+		3	7	3
+		6	5	1

세 수의 뺄셈을 세로셈으로 해 보세요.

1434−597−485

	1	4	3	4
−		5	9	7
		8	3	7
−		4	8	5
		3	5	2

01

1465−597−474

	1	4	6	5
−		5	9	7
−		4	7	4

02

1220−371−286

	1	2	2	0
−		3	7	1
−		2	8	6

03

1673−995−187

	1	6	7	3
−		9	9	5
−		1	8	7

04

1547−579−339

	1	5	4	7
−		5	7	9
−		3	3	9

05

1733−987−560

	1	7	3	3
−		9	8	7
−		5	6	0

계단 위의 수를 모두 더하여 마지막 계단 위의 수를 구해 보세요.

01

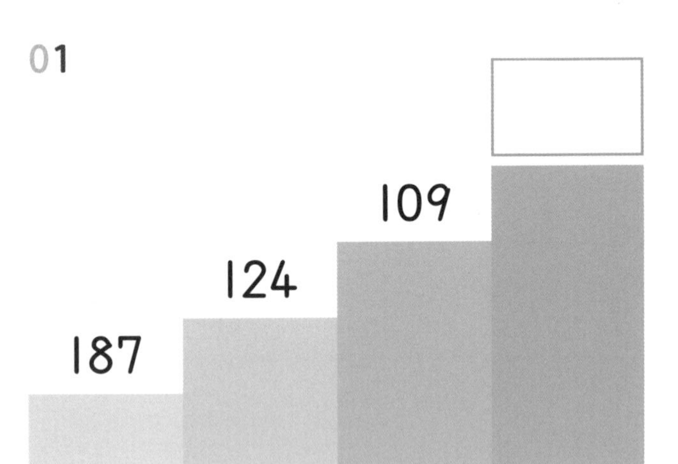

02

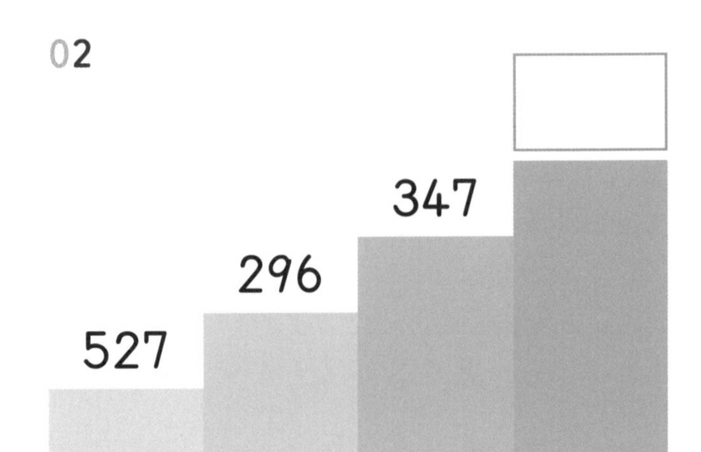

03

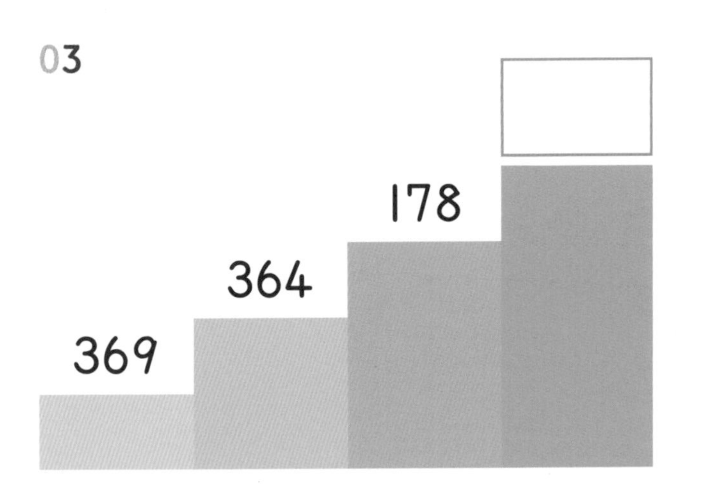

04

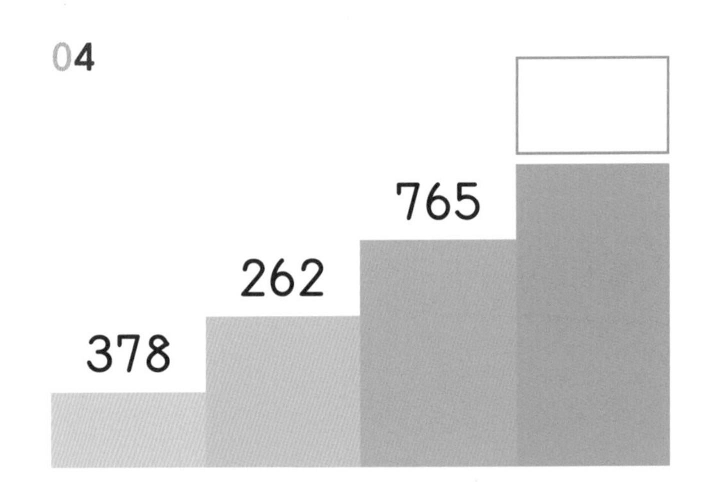

05

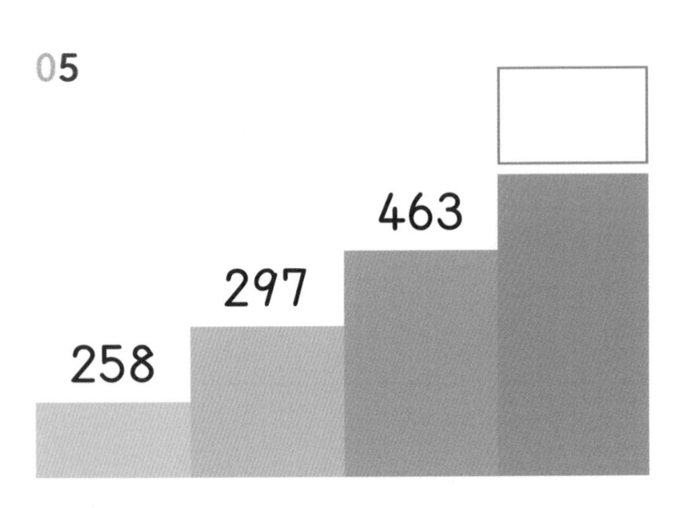

06

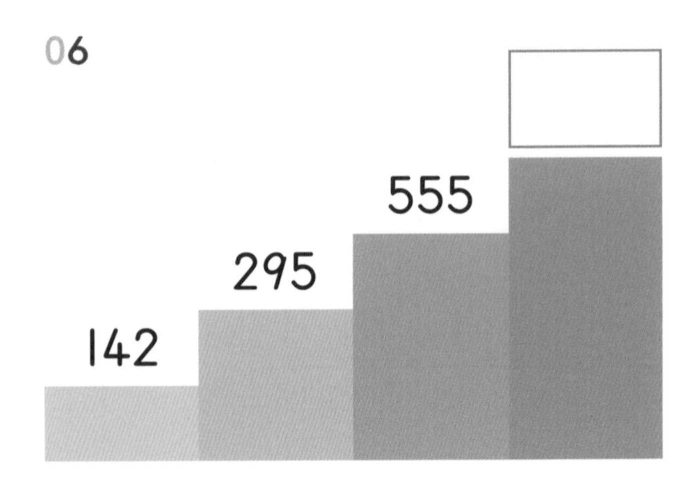

위의 계단에서 아래 계단의 수를 빼어 내려오며 마지막 계단의 수를 구해 보세요.

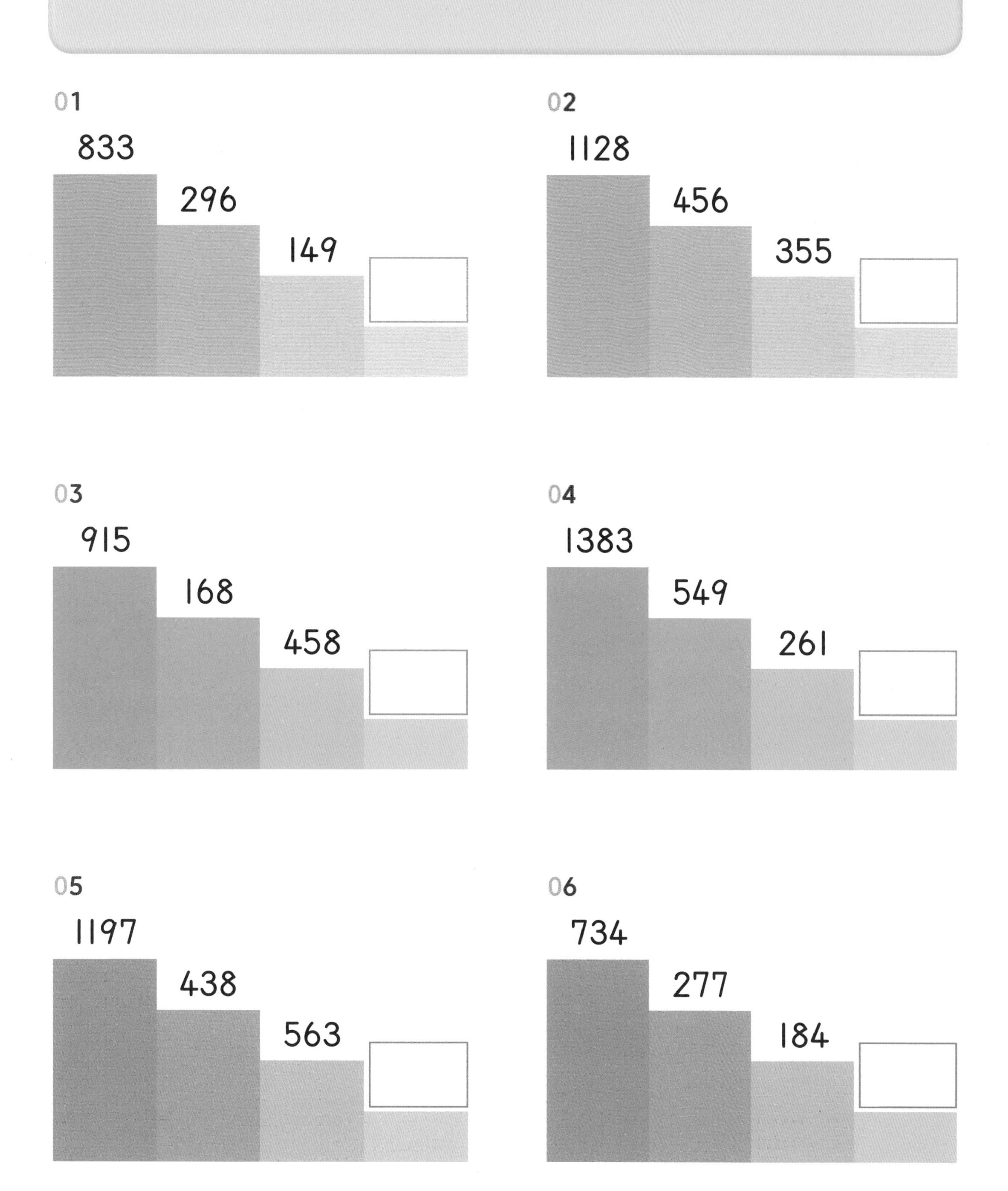

세 수의 덧셈과 뺄셈 2

덧셈과 뺄셈이 섞여 있는 세 수의 계산은 앞에서부터 차례로 계산해요.

1 더하고 빼기

$377 + 296 - 395 = 278$

① 673

② 278

두 수 377과 296의 합을 먼저 구한 후 그 결과와 395와의 차를 구해요.

$377 + 296 - 395 =$

①, ②

이와 같이 뺄셈을 할 수 없는 경우가 생길 수도 있어요.

덧셈과 뺄셈이 섞여 있는 세 수의 계산은 순서를 바꾸어 계산하면 그 결과가 달라질 수 있으므로 반드시 앞에서부터 차례로 두 수씩 계산해요.

2 빼고 더하기

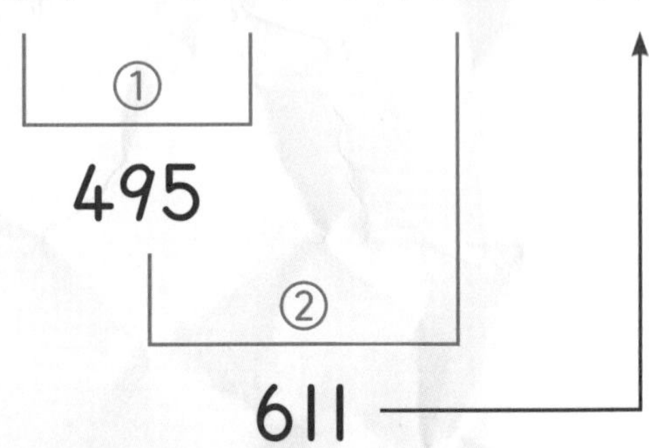

$854 - 359 + 116 = 611$

① 495

② 611

두 수 854와 359의 차를 먼저 구한 후 그 결과와 116의 합을 구해요.

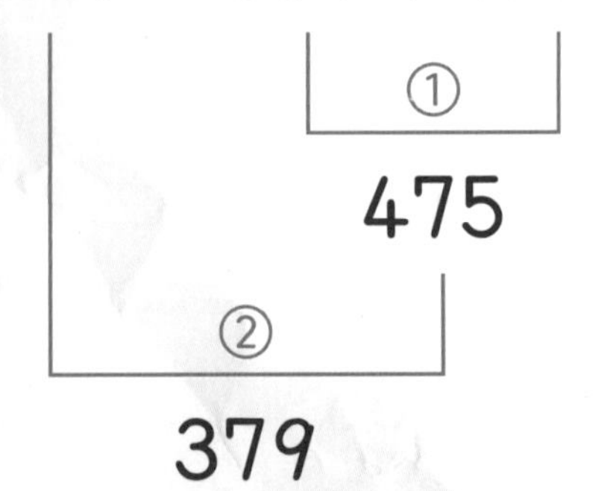

$854 - 359 + 116 =$

① 475

② 379

계산 결과가 달라요.

덧셈과 뺄셈이 섞여 있는 세 수의 계산을 앞에서부터 차례로 계산해 보세요.

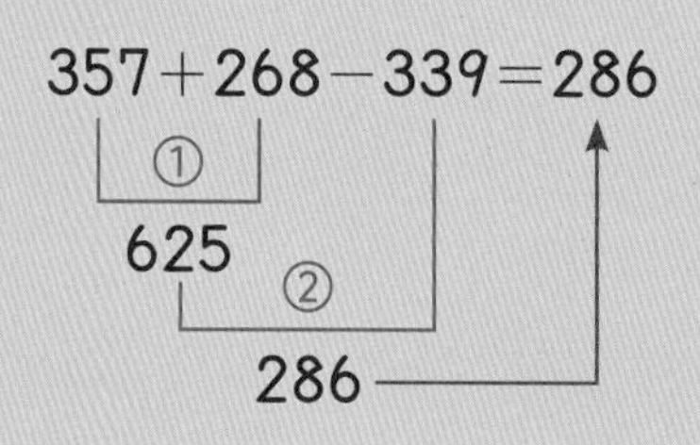

01 129+344−136 계산하기

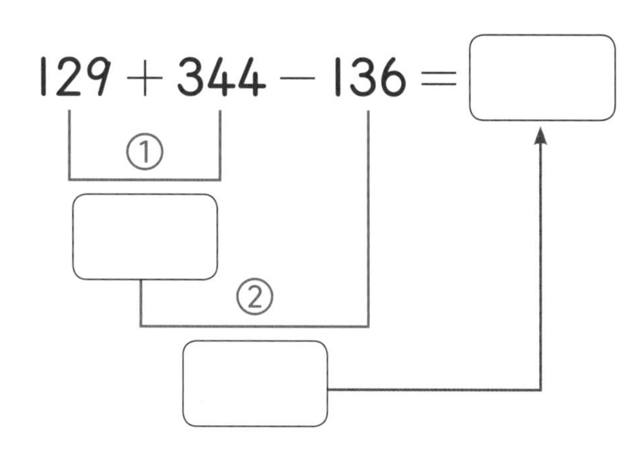

02 335+449−295 계산하기

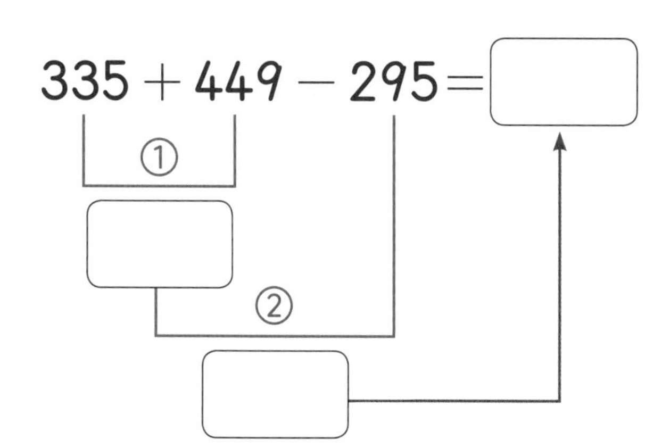

03 774−236+147 계산하기

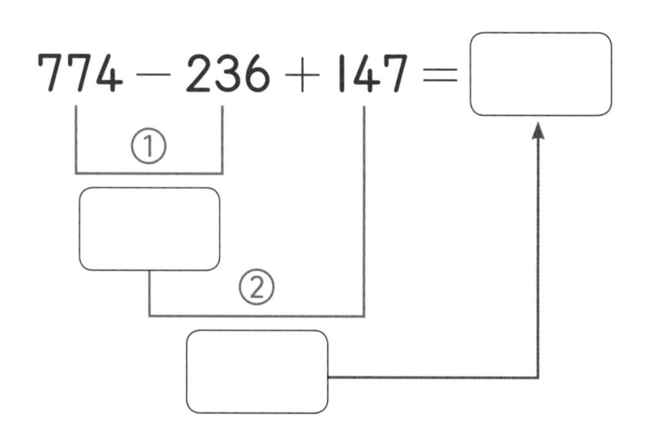

04 992−716+491 계산하기

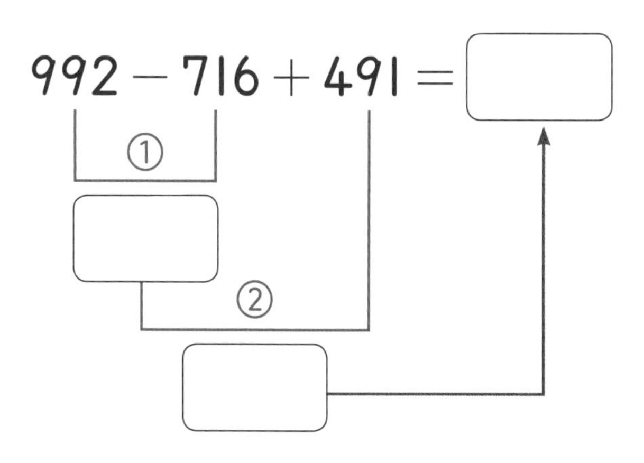

앞에서부터 차례로 세 수의 덧셈과 뺄셈을 해 보세요.

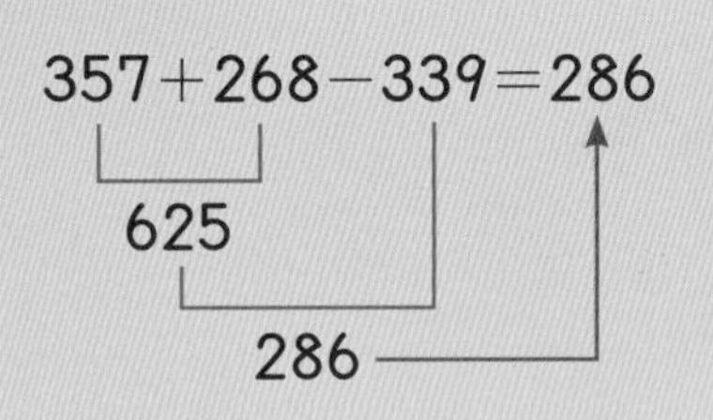

01 368+391−268=

02 275+198−284=

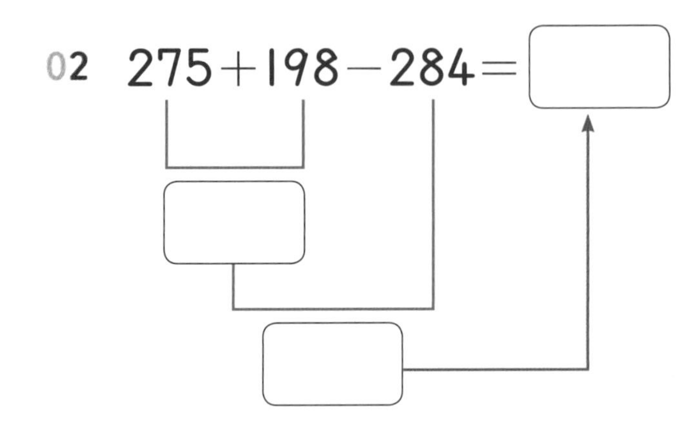

03 356+268−178=

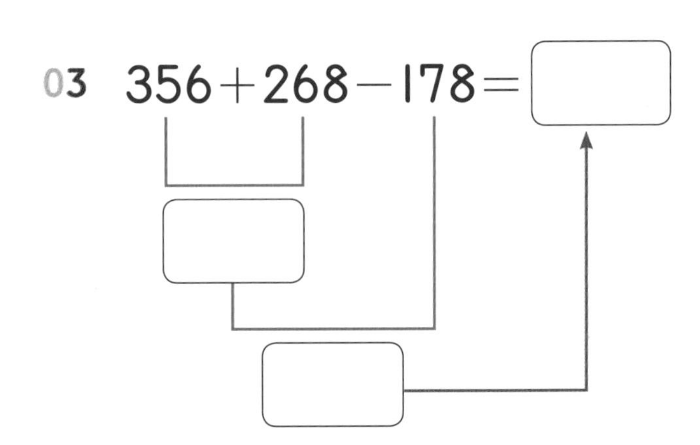

04 764−528+605=

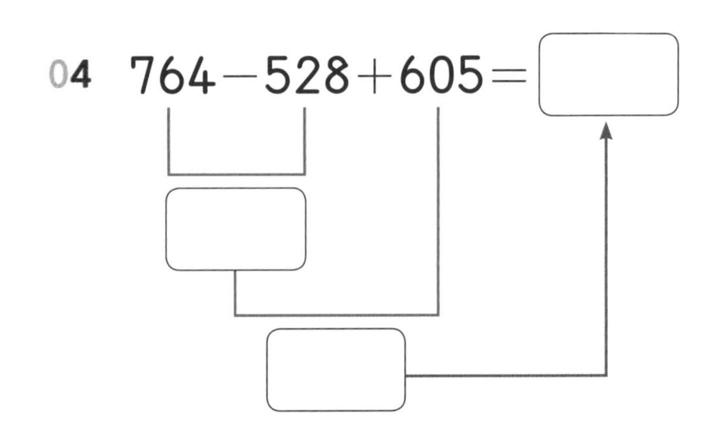

05 365+577−709=

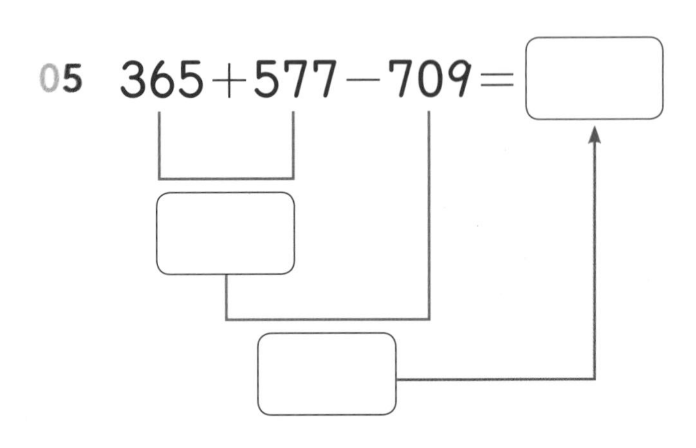

06 188+659−269=

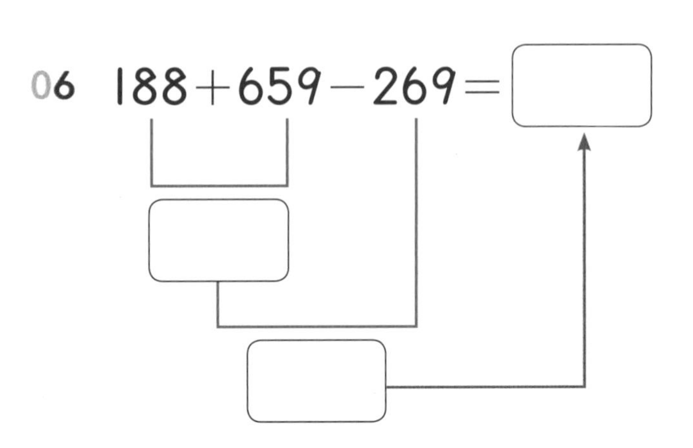

07 $937-368+147=\square$

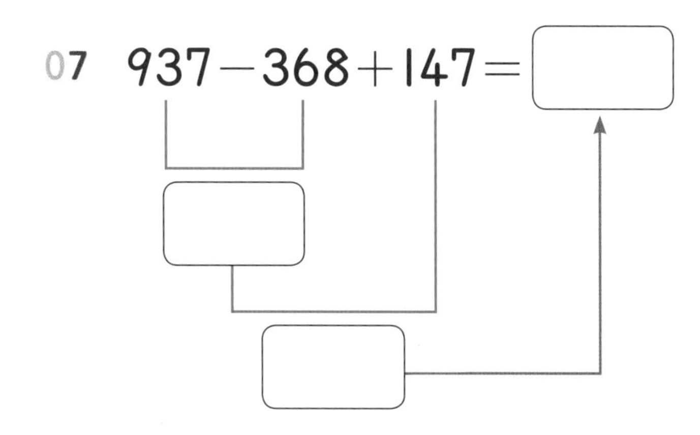

08 $582-287+693=\square$

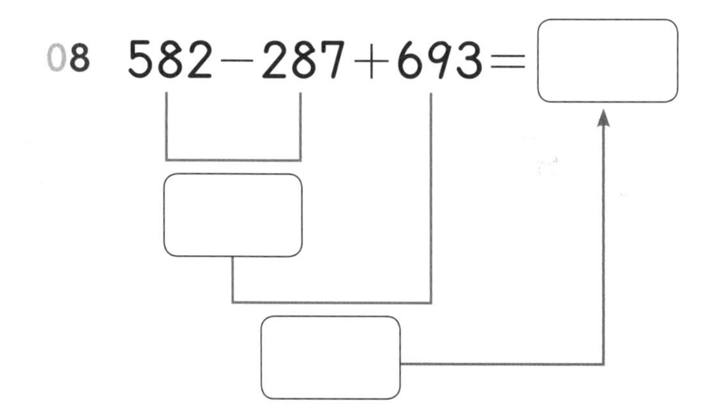

09 $647+346-575=\square$

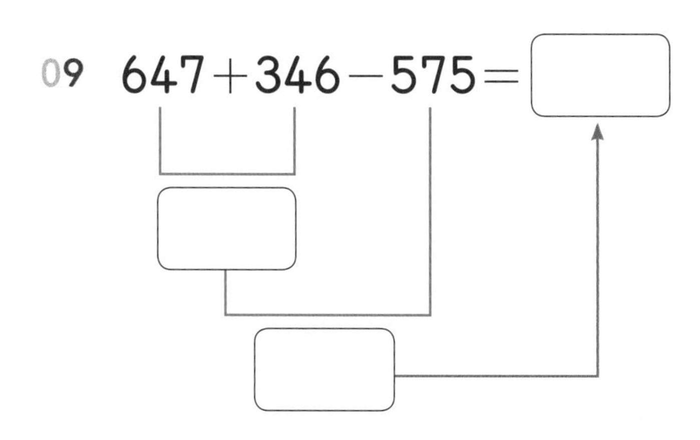

10 $965-758+496=\square$

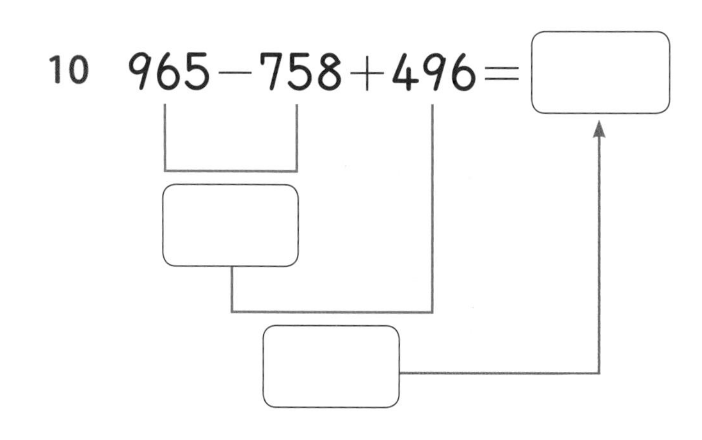

11 $856-279+324=\square$

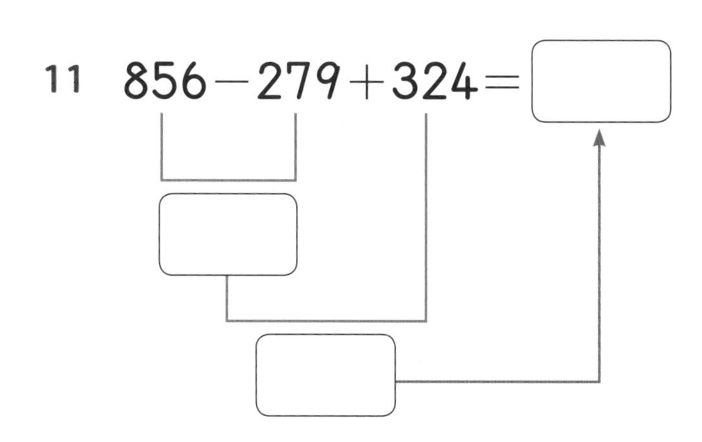

12 $776-587+542=\square$

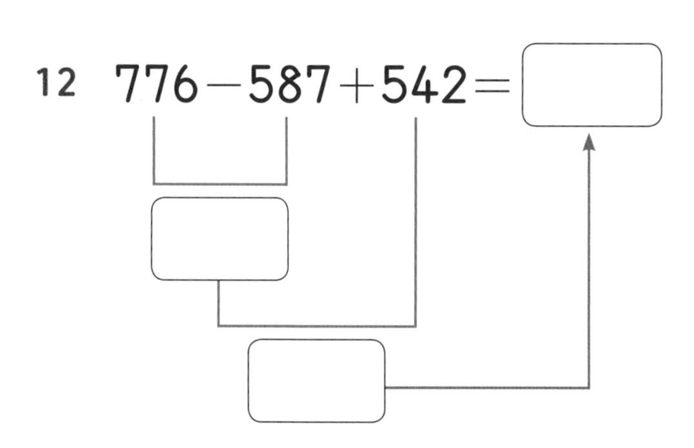

13 $487+369-478=\square$

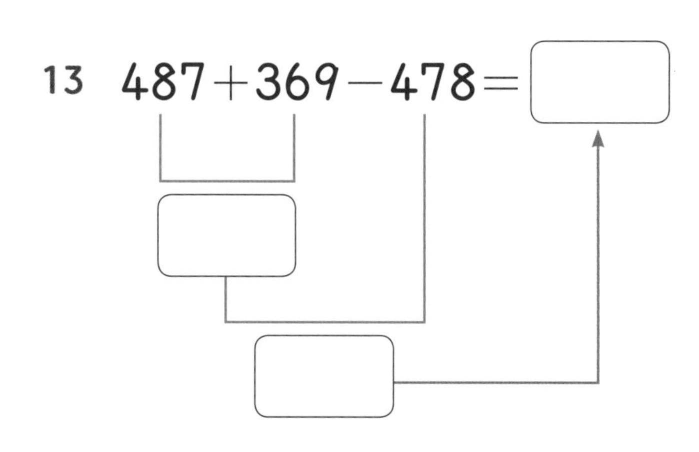

14 $378+362-183=\square$

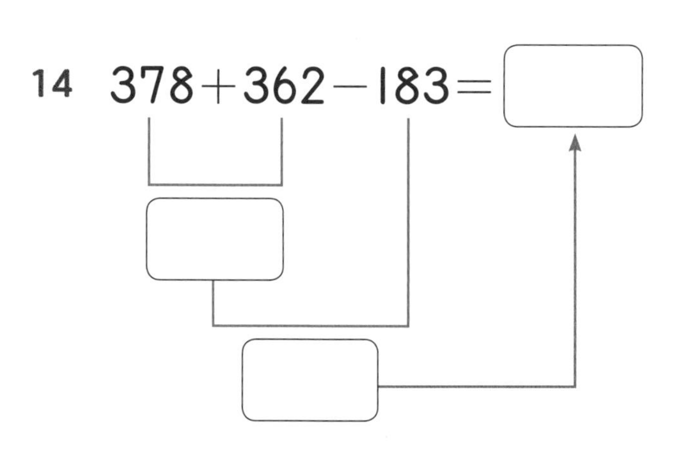

세 수의 덧셈과 뺄셈을 세로셈으로 해 보세요.

277+657−445

		2	7	7
+		6	5	7
		9	3	4
−		4	4	5
		4	8	9

01

369+159−279

		3	6	9
+		1	5	9
−		2	7	9

02

557+378−652

		5	5	7
+		3	7	8
−		6	5	2

03

1525−857+347

	1	5	2	5
−		8	5	7
+		3	4	7

04

1245−787+797

	1	2	4	5
−		7	8	7
+		7	9	7

05

1242−474+290

	1	2	4	2
−		4	7	4
+		2	9	0

06

562+578−794

		5	6	2
+		5	7	8
−		7	9	4

07

465+577−123

		4	6	5
+		5	7	7
−		1	2	3

08

991+559−954

		9	9	1
+		5	5	9
−		9	5	4

09

1612−677+428

	1	6	1	2
−		6	7	7
+		4	2	8

10

1173−489+850

	1	1	7	3
−		4	8	9
+		8	5	0

11

1256−787+713

	1	2	5	6
−		7	8	7
+		7	1	3

12

558+679−386

		5	5	8
+		6	7	9
−		3	8	6

13

697+958−708

		6	9	7
+		9	5	8
−		7	0	8

14

388+958−617

		3	8	8
+		9	5	8
−		6	1	7

원리가 쑥쑥 | 적용이 척척 | 풀이가 술술 | **실력이 쑥쑥**

주어진 규칙에 맞추어 계산한 값을 구하여 □ 안에 써넣어 보세요.

379 / 197 → 379−197

289 / 263 → 289+263

01

497

248 149

□

02

741 445

543

□

03

869

693 746

□

04

1123 756

539

□

05

934

677 809

□

가로셈과 세로셈으로 세 수의 덧셈과 뺄셈을 해 보세요.

01

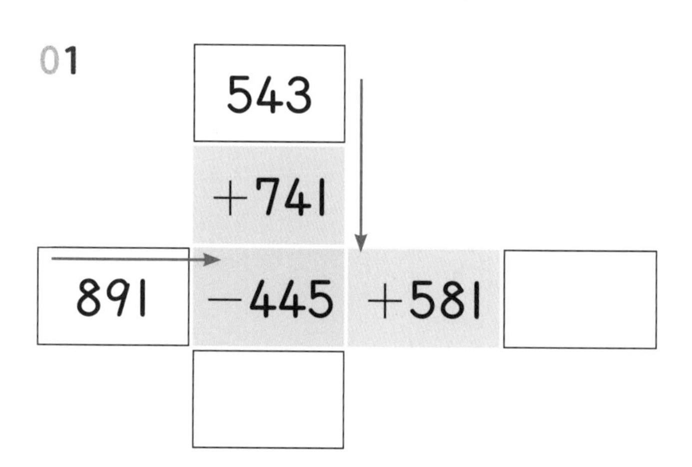

02

716

+174

961 −539 +860 □

□

03

719

776 −479 +346 □

−218

□

04

651

1150 −578 +733 □

−665

□

05

1506

947 −650 +514 □

+237

□

06

875

1273 −684 +632 □

+836

□

3에서 배운 연산으로 해결해 봐요!

▶ 세 수의 덧셈과 뺄셈을 이용하여 가장 큰 수 또는 가장 작은 수로 만들어 봐요

주어진 수 중 세 수를 골라 조건에 맞게 값을 구해 보세요.

01

1480	534	879	345

계산 결과가 가장 큰 경우

$\square - \square - \square = \square$

02

561	890	164	795

계산 결과가 가장 작은 경우

$\square + \square + \square = \square$

03

647	626	724	475

계산 결과가 가장 큰 경우

$\square + \square - \square = \square$

▶ **규칙에 맞게 계산해 봐요**

오른쪽 규칙에 따라
덧셈과 뺄셈을 해 보세요.

01

837  = 

02

1314  = 

03

1142  = 

04

740 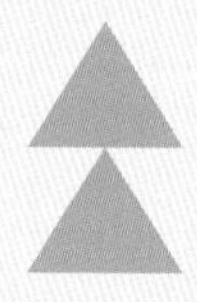 =

▶ 문장의 뜻을 이해하며 식을 세워 봐요

이야기 속에 주어진 조건을 생각하며 세 수의 계산 식을 세우고 구해 보세요.

01 하린이는 월요일에 책을 238쪽 읽었고, 화요일에는 497쪽, 수요일에는 541쪽 읽었습니다. 하린이는 3일 동안 책을 모두 몇 쪽 읽었습니까?

식 답 쪽

02 공연이 시작되기 전에 관객이 846명 들어오고, 시작 후에 235명이 들어오고, 끝나기 10분 전에 146명이 나갔습니다. 공연장에 관객은 몇 명 남아 있습니까?

식 답 명

03 공을 만드는 공장에서 오늘 오전에 1062개를 만들고, 불량품 173개를 버린 후에 오후에 267개를 만들었습니다. 오늘 만든 정상품 공은 모두 몇 개입니까?

식 답 개

04 어느 사무실에서 A4 용지 1500장 중 지난 달에는 467장, 이번 달에는 391장을 사용했습니다. 남은 A4 용지는 몇 장입니까?

식 답 장

3에서 무엇을 배웠을까요?

$173+263+227=663$

$436+227=663$

세 수의 덧셈과 뺄셈 - 더하고 더하기

두 수를 먼저 더하고 그 결과와 나머지 수를 계산해요.

세 수의 덧셈과 뺄셈 - 빼고 빼기

앞에서부터 두 수를 먼저 계산하고 그 결과와 나머지 수를 계산해요.

$973-346-451=176$

$627-451=176$

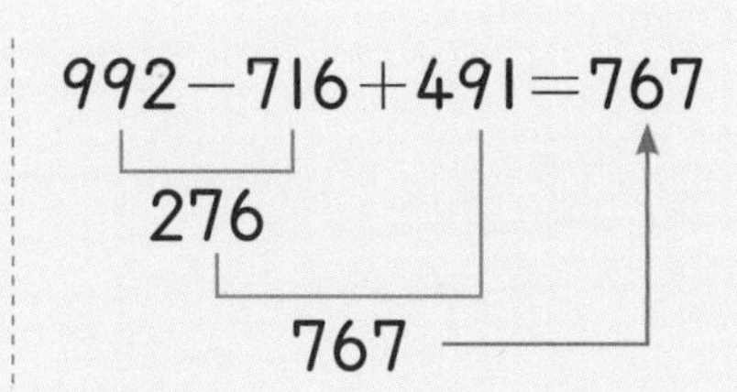

$357+268-339=286$

625

286

$992-716+491=767$

276

767

더하고 빼기, 빼고 더하기

덧셈과 뺄셈이 섞여 있는 세 수의 계산은 순서를 바꾸어 계산하면 그 결과가 달라질 수 있으므로 반드시 앞에서부터 차례로 두 수씩 계산해요.

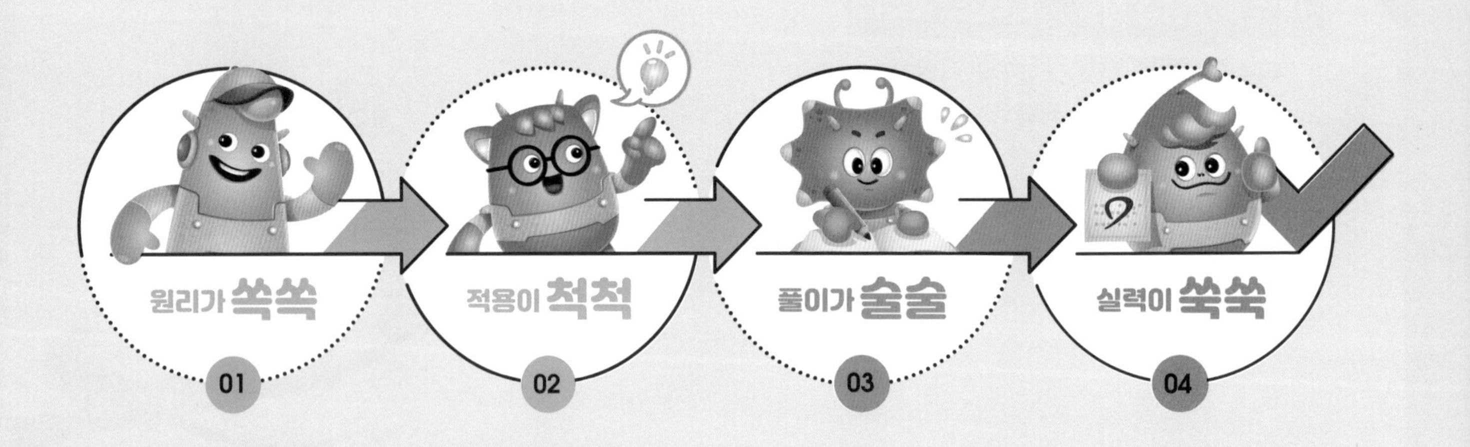
원리가 쏙쏙
01
적용이 척척
02
풀이가 술술
03
실력이 쑥쑥
04

4

시간의 합과 차

시간의 합과 차 – 분, 초

분, 초 단위의 합과 차는 분은 분끼리, 초는 초끼리 계산해요.
60초는 1분으로 받아올리고, 1분은 60초로 받아내려 계산해요.

1 분, 초의 합

(초 단위) → (분 단위)의 순서로 계산해요

	1			
	3	분	30	초
+	4	분	40	초
	8	분	10	초

초에서 받아올린 1분을 함께 더해요. 1+3+4=8

초 단위끼리 계산하면 30+40=70이므로, 60초→1분으로 받아올리고, 남은 10초를 써요.

2 분, 초의 차

(초 단위) → (분 단위)의 순서로 계산해요

	6		60	
	~~7~~	분	30	초
−	4	분	40	초
	2	분	50	초

분에서 초로 1분을 받아내리고 남은 6과 4의 차를 구해요. 6-4=2

분 단위에서 받아내린 60초와 30초를 더한 합에서 40초를 빼요. 60+30-40=50

원리가 쏙쏙 적용이 척척 풀이가 술술 실력이 쑥쑥

분과 초의 관계를 이용하여
분은 분 단위끼리, 초는 초 단위끼리
더하고 빼요.

60초 = 1분
→ 75초 = 60초 + 15초
= 1분 15초

01

	7 분	15 초
+	8 분	15 초
	□ 분	□ 초

02

	11 분	30 초
−	5 분	13 초
	□ 분	□ 초

03

29초 + 39초 = □ 초
= □ 분 □ 초

	□	
	3 분	29 초
+	6 분	39 초
	□ 분	□ 초

04

1분 = □ 초

	□	□
	~~20~~ 분	30 초
−	12 분	56 초
	□ 분	□ 초

분 단위와 초 단위를 맞추어 시간의 합과 차를 구해 보세요.

	1	
	3 분	30 초
+	4 분	40 초
	8 분	10 초

	7	60
	~~8~~ 분	11 초
−	5 분	17 초
	2 분	54 초

01

	15 분	20 초
+	5 분	13 초
	□ 분	□ 초

02

	33 분	47 초
−	16 분	24 초
	□ 분	□ 초

03

	□	
	12 분	45 초
+	8 분	39 초
	□ 분	□ 초

04

	□	□
	~~26~~ 분	13 초
−	8 분	39 초
	□ 분	□ 초

05

	20 분	18 초
+	22 분	24 초
	□ 분	□ 초

06

	30 분	44 초
−	6 분	17 초
	□ 분	□ 초

07

	15 분	19 초
+	17 분	48 초
	□ 분	□ 초

08

	29 분	15 초
−	13 분	22 초
	□ 분	□ 초

09

	31 분	17 초
+	14 분	14 초
	□ 분	□ 초

10

	54 분	43 초
−	35 분	26 초
	□ 분	□ 초

11

	11 분	54 초
+	29 분	34 초
	□ 분	□ 초

12

	43 분	29 초
−	15 분	39 초
	□ 분	□ 초

13

	16 분	15 초
+	39 분	26 초
	□ 분	□ 초

14

	58 분	16 초
−	43 분	37 초
	□ 분	□ 초

시간의 합과 차를 계산해 보세요.
계산 결과에는 단위를 반드시 적어야 해요.

	3 분	30 초
+	4 분	40 초
	8 분	10 초

01

	20 분	8 초
+	14 분	24 초

02

	43 분	51 초
−	19 분	28 초

03

	12 분	35 초
+	27 분	49 초

04

	54 분	26 초
−	44 분	39 초

05

	14 분	38 초
+	10 분	39 초

06

	54 분	46 초
−	21 분	35 초

07

	32 분	48 초
+	9 분	44 초

08

	40 분	10 초
−	17 분	27 초

09

	16 분	36 초
+	28 분	45 초

10

	15 분	28 초
−	3 분	44 초

11

	25 분	28 초
+	26 분	15 초

12

	31 분	16 초
−	13 분	22 초

13

	19 분	33 초
+	27 분	37 초

14

	39 분	12 초
−	13 분	34 초

15

	16 분	36 초
+	7 분	53 초

16

	50 분	36 초
−	22 분	38 초

친구들이 산에 올랐다가 내려오는데 걸린 시간의 합을 구해 보세요.

01

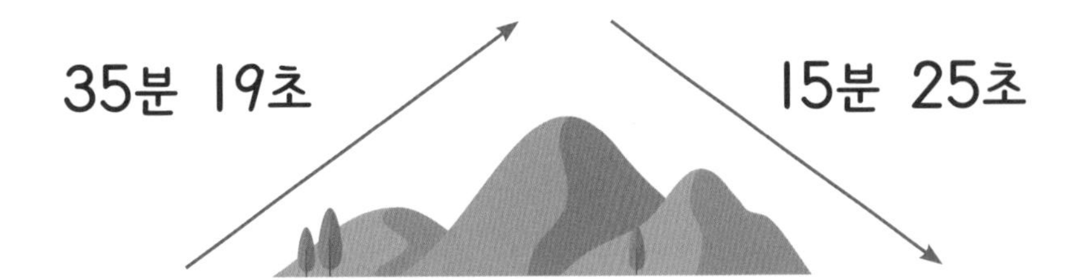

02

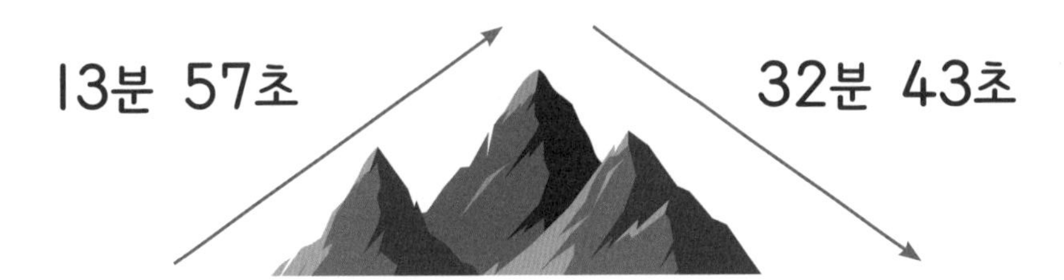

03

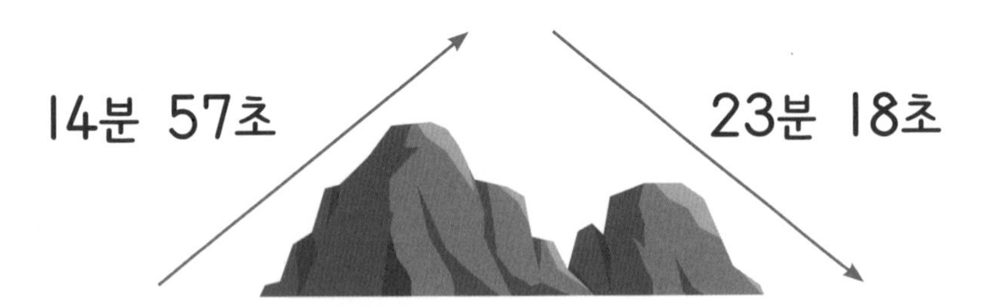

04

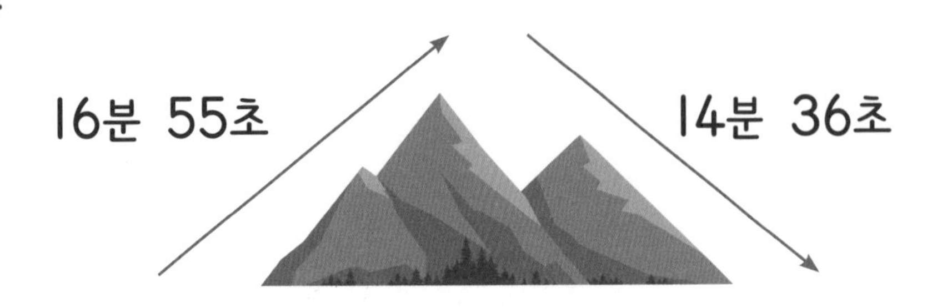

두 친구들이 걸어가는데 걸린 시간의 차를 구해 보세요.

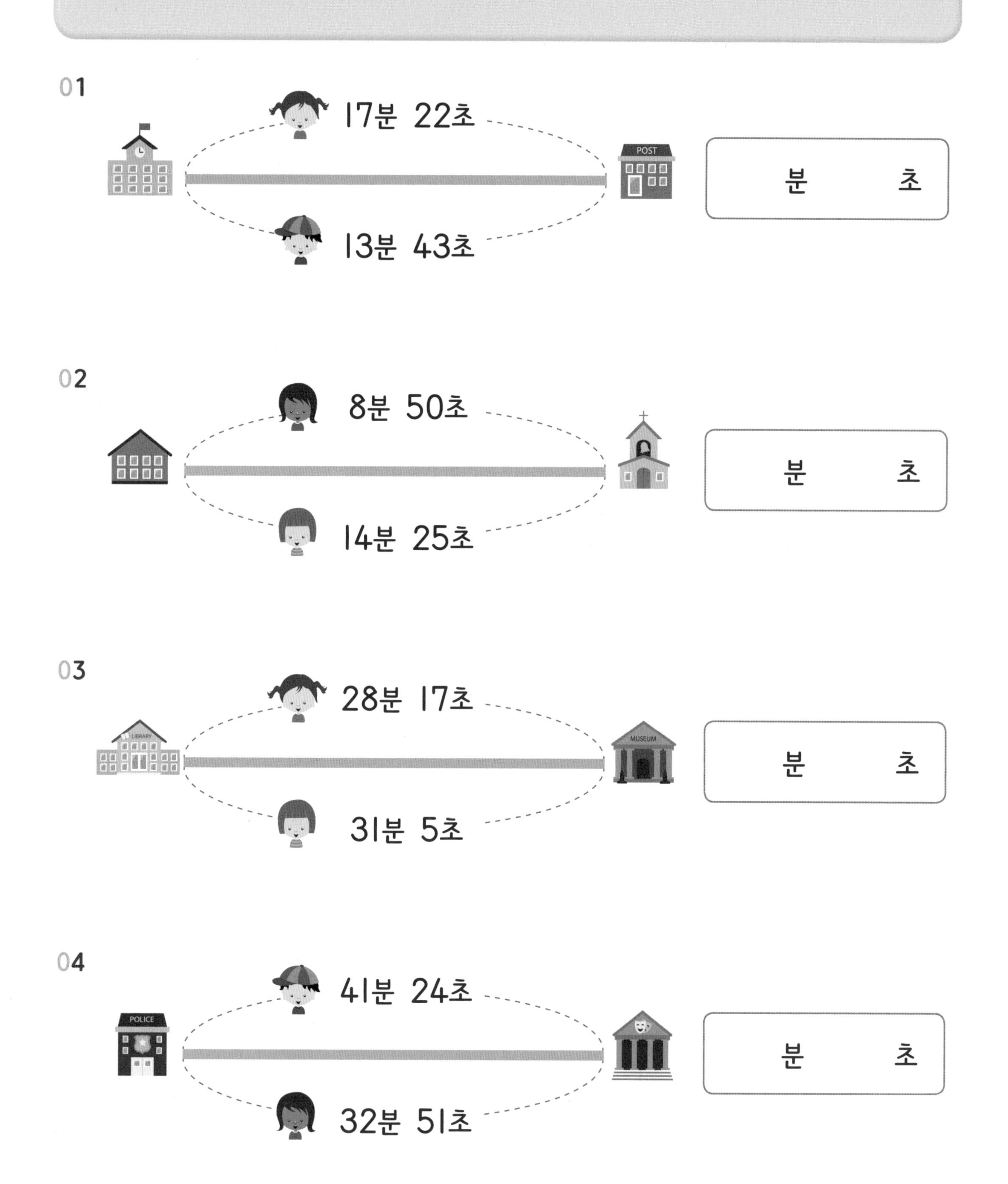

12 시간의 합과 차 — 시, 분, 초

시, 분, 초의 합과 차에서는 60초는 1분으로, 60분은 1시간으로 받아올리고 1분은 60초로, 1시간은 60분으로 받아내려 계산해요.

1 시, 분, 초의 합

(시각)+(시간)=(시각), (시간)+(시간)=(시간)

	1	1	
	1 시	34 분	12 초
+	3 시간	31 분	49 초
	5 시	6 분	1 초

1+1+3=5(시)
(시각)+(시간)=(시각)

1+34+31=66(분)
이므로 60분을
1시간으로 받아올려요.

12 + 49 =61(초)이므로
60초를 1분으로 받아올려요.

2 시, 분, 초의 차

(시간)−(시간)=(시간), (시각)−(시각)=(시간), (시각)−(시간)=(시각)

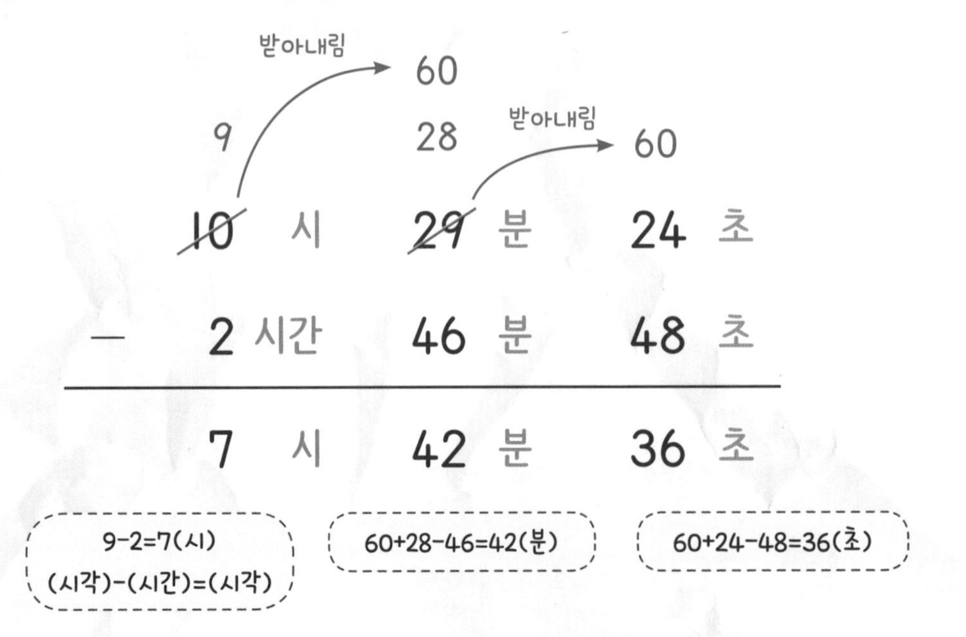

원리가 쑥쑥 | 적용이 척척 | 풀이가 술술 | 실력이 쑥쑥

시, 분, 초의 관계를 이용하여 같은 단위끼리 계산해요.

60초=1분
→ 75초=60초+15초
=1분 15초

60분=1시간
→ 67분=60분+7분
=1시간 7분

01

	5 시	25 분	26 초
+	4 시간	7 분	11 초
	□ 시	□ 분	□ 초

02

	8 시	32 분	55 초
−	6 시간	16 분	30 초
	□ 시	□ 분	□ 초

03

27초+47초 = □초
= □분 □초

1분+32분+44분
= □분 = □시간 □분

	□	□	
	7 시	32 분	27 초
+	3 시간	44 분	47 초
	□ 시	□ 분	□ 초

04

1분 = □초

1시간 = □분

	□	□ □	□
	~~8~~ 시	~~15~~ 분	9 초
−	4 시간	30 분	16 초
	□ 시	□ 분	□ 초

원리가 쏙쏙 | **적용이 척척** | 풀이가 술술 | 실력이 쑥쑥

시, 분, 초 단위를 맞추어 시간의 합과 차를 구해 보세요.

	1		1			
	1	시	34	분	12	초
+	3	시간	31	분	49	초
	5	시	6	분	1	초

			60			
	9		28		60	
	~~10~~	시	~~29~~	분	24	초
−	2	시간	46	분	48	초
	7	시	42	분	36	초

01

	3	시	12	분	33	초
+	5	시간	22	분	11	초
	□	시	□	분	□	초

02

	8	시	22	분	31	초
−	4	시간	16	분	24	초
	□	시	□	분	□	초

03

	4	시	9	분	14	초
+	2	시간	11	분	27	초
	□	시	□	분	□	초

04

			□			
	□		□		□	
	~~9~~	시	~~13~~	분	36	초
−	3	시간	59	분	46	초
	□	시	□	분	□	초

05

			□			
	3	시	29	분	55	초
+	5	시간	17	분	34	초
	□	시	□	분	□	초

06

	□		□			
	7	시간	24	분	21	초
−	3	시간	56	분	14	초
	□	시간	□	분	□	초

07

	4 시간	51 분	45 초
+	8 시간	38 분	46 초
	□ 시간	□ 분	□ 초

08

	12 시간	20 분	33 초
−	7 시간	57 분	55 초
	□ 시간	□ 분	□ 초

09

	5 시	52 분	10 초
+	2 시간	50 분	43 초
	□ 시	□ 분	□ 초

10

	11 시간	15 분	21 초
−	4 시간	44 분	33 초
	□ 시간	□ 분	□ 초

11

	7 시간	43 분	34 초
+	6 시간	47 분	51 초
	□ 시간	□ 분	□ 초

12

	9 시	13 분	50 초
−	3 시	53 분	11 초
	□ 시간	□ 분	□ 초

13

	10 시간	27 분	30 초
+	9 시간	46 분	38 초
	□ 시간	□ 분	□ 초

14

	8 시	25 분	17 초
−	6 시	32 분	45 초
	□ 시간	□ 분	□ 초

시간의 합과 차를 계산해 보세요.
계산 결과에는 단위를 반드시
적어야 해요.

(시각)+(시간)=(시각), (시간)+(시간)=(시간)

(시간)−(시간)=(시간), (시각)−(시각)=(시간),
(시각)−(시간)=(시각)

01

	4 시간	29 분	36 초
+	5 시간	19 분	30 초

02

	4 시간	46 분	40 초
−	2 시간	14 분	29 초

03

	2 시	20 분	49 초
+	7 시간	15 분	27 초

04

	11 시	19 분	37 초
−	7 시간	56 분	14 초

05

	3 시	33 분	16 초
+	4 시간	30 분	30 초

06

	16 시	9 분	22 초
−	7 시	33 분	49 초

07

	13 시간	24 분	24 초
+	9 시간	34 분	36 초

08

	13 시간	2 분	41 초
−	7 시간	10 분	23 초

09

	3 시	56 분	45 초
+	9 시간	29 분	52 초

10

	17 시간	19 분	20 초
−	11 시간	49 분	29 초

11

	8 시	31 분	28 초
+	2 시간	39 분	12 초

12

	8 시	46 분	30 초
−	4 시간	57 분	38 초

13

	9 시간	31 분	27 초
+	5 시간	50 분	53 초

14

	9 시	10 분	10 초
−	4 시	52 분	51 초

15

	11 시간	43 분	25 초
+	8 시간	25 분	28 초

16

	9 시	26 분	24 초
−	3 시간	45 분	32 초

원리가 쑥쑥 적용이 척척 풀이가 술술 **실력이 쑥쑥**

쑥쑥이의 어느 주말 일과의 한 부분이에요.
각 빈칸에 걸린 시간을 구해 보세요.

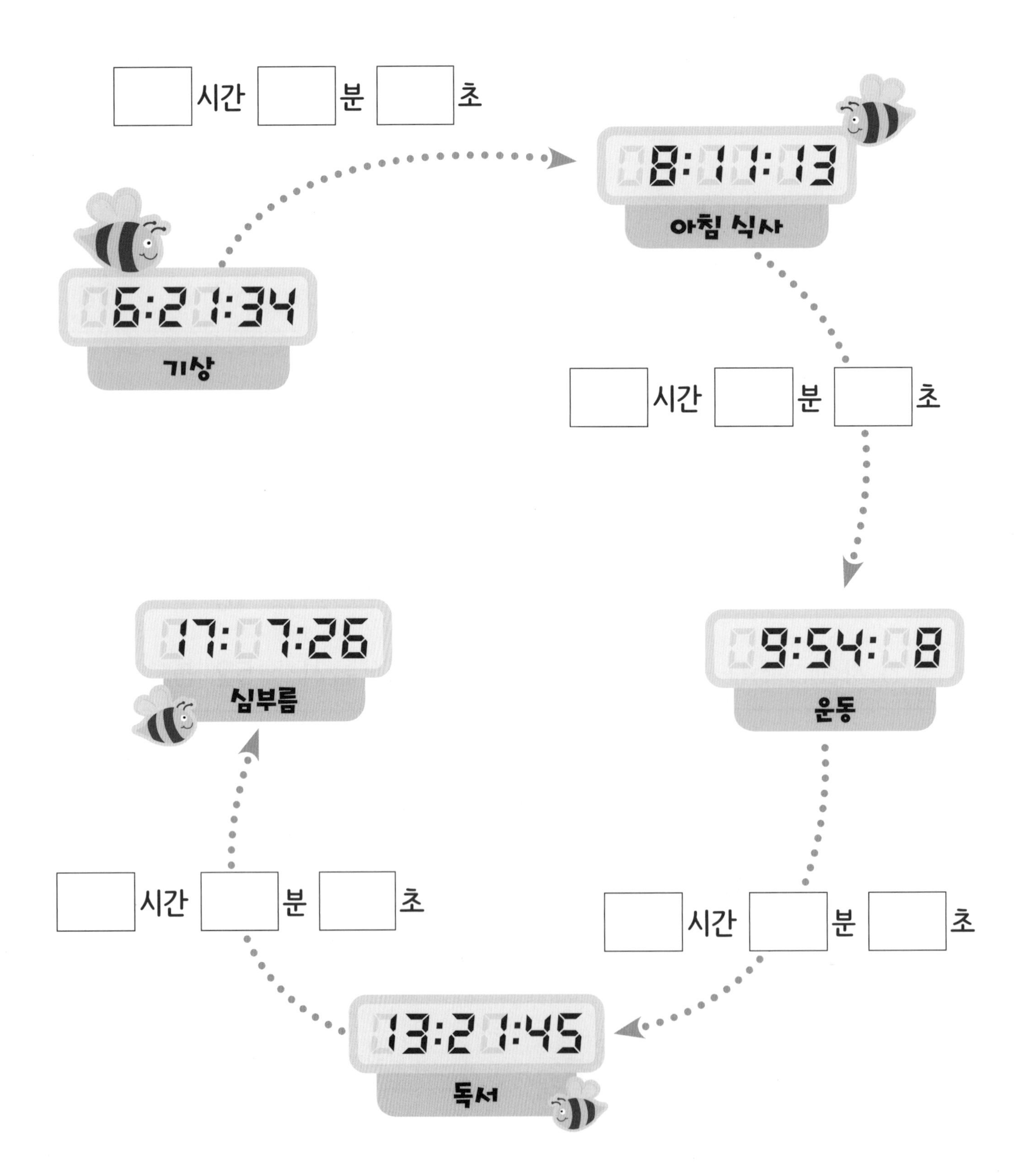

쑥쑥이가 시계 보기 놀이를 하고 있어요.
주어진 시각과 시간을 보고 빈칸에 알맞은 수를 써넣어 보세요.

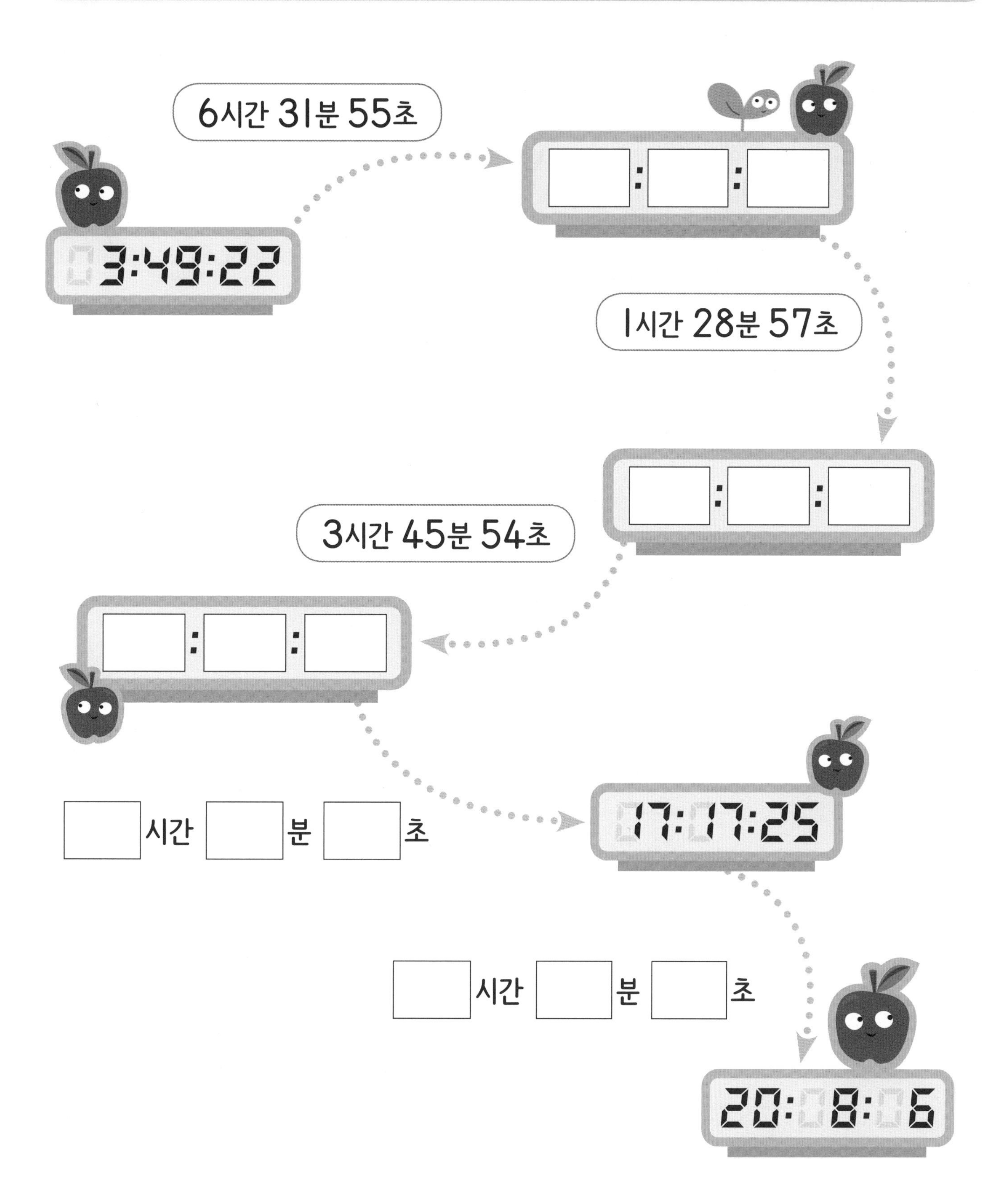

▶ **가장 크고 작은 시간의 합과 차를 구해 봐요.**
주어진 두 시각을 골라서 조건에 맞게 식을 세워 보세요. 모두 오후 시각이에요.

01 두 시각을 골라서 시간의 차가 가장 크게 식을 세우고 차를 구해 보세요.

	시	분	초
−	시	분	초
	시간	분	초

02 두 시각을 골라서 시간의 차가 가장 작은 식을 세우고 차를 구해 보세요.

	시	분	초
−	시	분	초
	시간	분	초

03 01과 02에서 구한 두 시간의 합을 구해 보세요.

	시간	분	초
+	시간	분	초
	시간	분	초

▶ 규칙에 맞게 계산해 봐요

오른쪽 규칙에 따라 시간의 합과 차를 계산해 보세요.

규칙

› : +20초	∨ : −30초
» : +33분 22초	∨∨ : −44분 33초

01

6시 31분 55초 › □시 □분 □초

∨

□시 □분 □초

02

2시간 35분 48초 » □시간 □분 □초

∨

□시간 □분 □초

03

4시간 15분 29초 ∨∨ □시간 □분 □초

»

□시간 □분 □초

∨

□시간 □분 □초

▶ **문장의 뜻을 이해하며 식을 세워 봐요**

이야기 속에 주어진 조건을 생각하며 식을 세우고 답을 구해 보세요.

01 서영이는 9시 20분 45초에 수학 문제를 풀기 시작하여 1시간 47분 38초 동안 모두 다 풀었습니다. 수학 문제 풀기가 끝난 시각은 몇 시 몇 분 몇 초입니까?

식

답 시 분 초

02 지훈이는 아빠와 극장에 4시 47분 55초에 입장하여 7시 13분 10초에 나왔습니다. 극장에 머무른 시간은 몇 시간 몇 분 몇 초입니까?

식

답 시간 분 초

03 윤설이와 도윤이가 방학 때 비행기를 탄 시간은 각각 윤설이는 12시간 13분 11초, 도윤이는 7시간 26분 52초입니다. 누가 얼만큼 더 오래 탔습니까?

식

답 , 시간 분 초

04 어제는 4시간 12분 18초 동안 비가 내렸고, 오늘은 5시간 52분 37초 동안 비가 내렸습니다. 이틀 동안 비가 내린 시간은 몇 시간 몇 분 몇 초입니까?

식

답 시간 분 초

4에서 무엇을 배웠을까요?

잠시 쉬어 가요

$29초+39초=68초$
$=1분\ 8초$

	1	
	3 분	29 초
+	6 분	39 초
	10 분	8 초

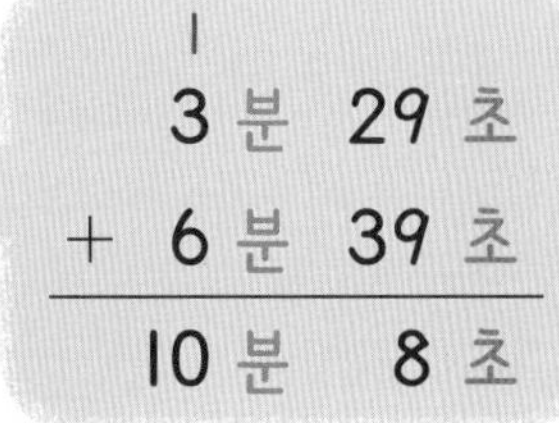

시간의 합과 차 — 분, 초의 합

'60초=1분'임을 이용하여 받아올리고,
분은 분 단위끼리 초는 초 단위끼리 더해요.

$1분=60초$

	19	60
	~~20~~ 분	30 초
−	12 분	56 초
	7 분	34 초

시간의 합과 차 — 분, 초의 차

'1분=60초'임을 이용하여 받아내리고,
분은 분 단위끼리 초는 초 단위끼리 빼요.

$1분+32분+44분=77분$
$=1시간\ 17분$

	1	1	
	7 시	32 분	27 초
+	3 시간	44 분	47 초
	11 시	17 분	14 초

$1시간=60분$

	7	60 14	60
	~~8~~ 시	~~15~~ 분	9 초
−	4 시간	30 분	16 초
	3 시	44 분	53 초

시간의 합과 차 — 시, 분, 초

'60초=1분, 60분=1시간'임을 이용하여
같은 단위끼리 계산해요.

MEMO

아이가 좋아하는 4단계 초등연산

?! 정답

덧셈·뺄셈

3

동양북스

p.011

받아올림이 없는 (세 자리 수)+(세 자리 수)

원리가 쏙쏙 적용이 척척 풀이가 술술 실력이 쑥쑥

받아올림이 없는 세 자리 수의 덧셈을 일의 자리 수부터 차례대로 계산해 보세요.

	5	0	2	→		5	0	2	→		5	0	2
+	3	6	5		+	3	6	5		+	3	6	5
			7				6	7			8	6	7

01 321+5 계산하기

	3	2	1
+			5
	3	2	6

02 242+36 계산하기

	2	4	2
+		3	6
	2	7	8

03 500+300 계산하기

	5	0	0
+	3	0	0
	8	0	0

04 428+251 계산하기

	4	2	8
+	2	5	1
	6	7	9

p.012~013

원리가 쏙쏙 적용이 척척 풀이가 술술 실력이 쑥쑥

가로셈을 자리 수에 맞추어 세로셈으로 계산해 보세요.

504+210 ➡

	5	0	4
+	2	1	0
	7	1	4

01 314+2

	3	1	4
+			2
	3	1	6

02 400+20

	4	0	0
+		2	0
	4	2	0

03 231+608

	2	3	1
+	6	0	8
	8	3	9

04 264+3

	2	6	4
+			3
	2	6	7

05 500+30

	5	0	0
+		3	0
	5	3	0

06 170+323

	1	7	0
+	3	2	3
	4	9	3

07 157+40

	1	5	7
+		4	0
	1	9	7

08 548+51

	5	4	8
+		5	1
	5	9	9

09 382+116

	3	8	2
+	1	1	6
	4	9	8

10 503+113

	5	0	3
+	1	1	3
	6	1	6

11 486+310

	4	8	6
+	3	1	0
	7	9	6

12 204+502

	2	0	4
+	5	0	2
	7	0	6

13 481+214

	4	8	1
+	2	1	4
	6	9	5

14 322+473

	3	2	2
+	4	7	3
	7	9	5

15 663+131

	6	6	3
+	1	3	1
	7	9	4

16 223+362

	2	2	3
+	3	6	2
	5	8	5

17 360+130

	3	6	0
+	1	3	0
	4	9	0

18 513+116

	5	1	3
+	1	1	6
	6	2	9

19 122+672

	1	2	2
+	6	7	2
	7	9	4

20 461+428

	4	6	1
+	4	2	8
	8	8	9

21 781+118

	7	8	1
+	1	1	8
	8	9	9

p.014~015

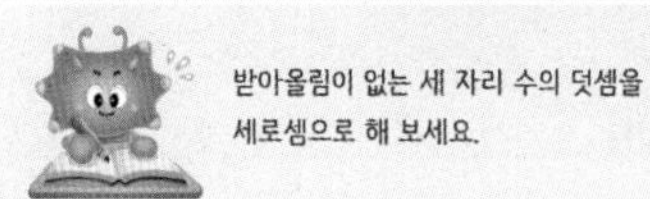

받아올림이 없는 세 자리 수의 덧셈을 세로셈으로 해 보세요.

	1	2	6
+	1	1	2
	2	3	8

01 114 + 123 = 237

02 499 + 200 = 699

03 664 + 222 = 886

04 461 + 325 = 786

05 201 + 473 = 674

06 812 + 157 = 969

07 790 + 103 = 893

08 463 + 513 = 976

09 361 + 237 = 598

10 291 + 507 = 798

11 226 + 673 = 899

12 614 + 145 = 759

받아올림이 없는 세 자리 수의 덧셈을 가로셈으로 해 보세요.

214 + 135 = 349 (1+3, 2+1, 4+5)

01 214+252= 466

02 323+401= 724

03 228+360= 588

04 107+420= 527

05 333+166= 499

06 613+143= 756

07 413+521= 934

08 312+376= 688

09 421+415= 836

10 426+332= 758

11 524+244= 768

12 513+432= 945

13 252+337= 589

14 454+245= 699

p.016~017

원리가 쏙쏙 적용이 척척 풀이가 술술 실력이 쑥쑥

받아올림이 없는 세 자리 수의 덧셈을 가로셈과 세로셈으로 해 보세요.

01

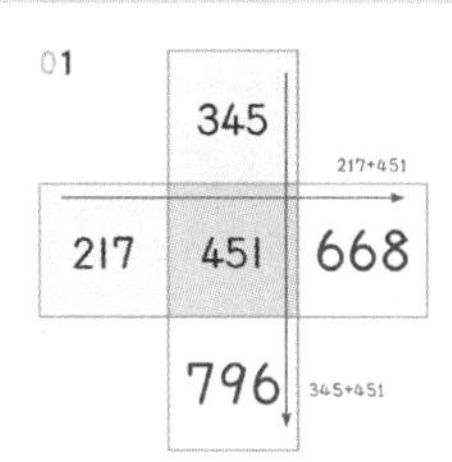

02

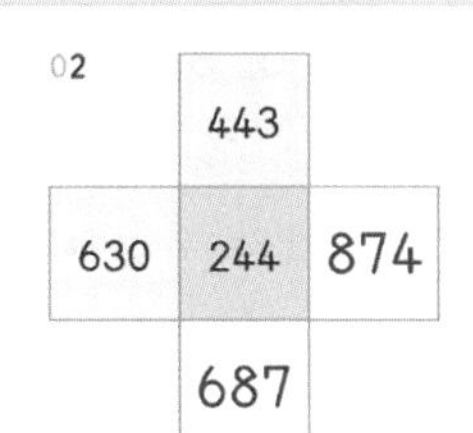

03

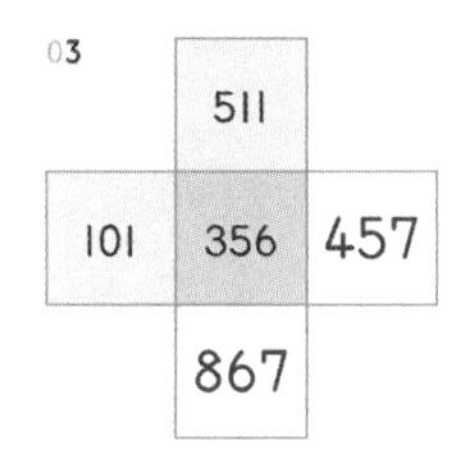

04

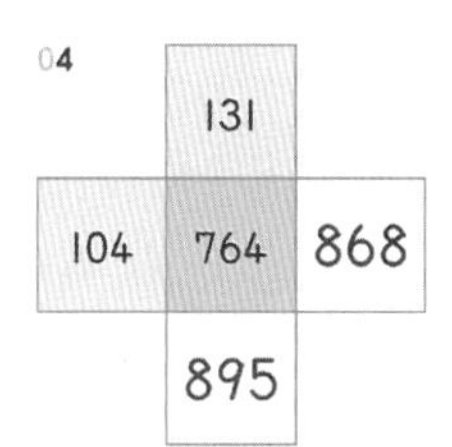

05

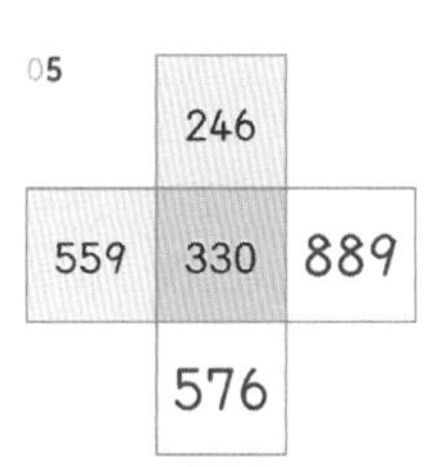

받아올림이 없는 세 자리의 덧셈을 하여 빈 곳에 알맞은 수를 써넣으세요.

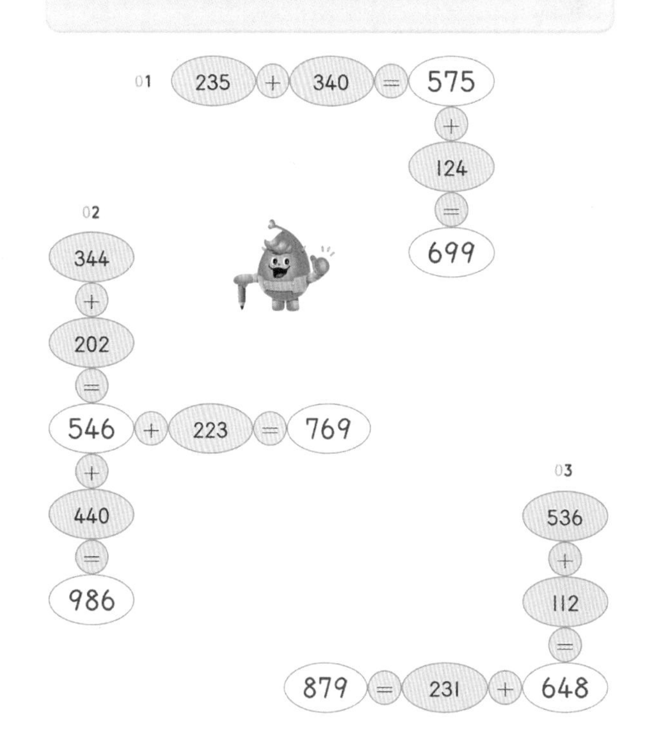

받아올림이 한 번 있는 (세 자리 수)+(세 자리 수)

원리가 쏙쏙 적용이 척척 풀이가 술술 실력이 쑥쑥

받아올림이 한 번 있는 세 자리 수의 덧셈을 일의 자리 수부터 차례대로 계산해 보세요.

327 + 266 = 593, 474 + 185 = 659, 575 + 814 = 1389

01 219+434 계산하기: 219 + 434 = 653

02 143+585 계산하기: 143 + 585 = 728

03 830+568 계산하기: 830 + 568 = 1398

04 552+536 계산하기: 552 + 536 = 1088

원리가 쏙쏙 적용이 척척 풀이가 술술 실력이 쑥쑥

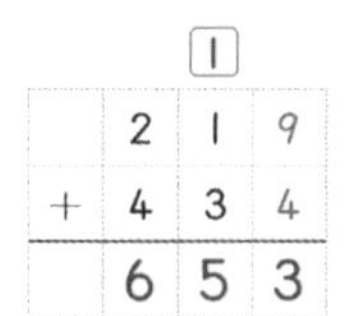

가로셈을 자리 수에 맞추어 세로셈으로 계산해 보세요.

328+438 ➡ 328 + 438 = 766

01 166+319 = 485

02 262+365 = 627

03 235+528 = 763

04 475+363 = 838

05 362+925 = 1287

06 653+184 = 837

07 539+247 = 786

08 372+365 = 737

09 623+259 = 882

10 429+539 = 968

11 472+255 = 727

12 274+925 = 1199

13 506+389 = 895

14 255+184 = 439

15 542+526 = 1068

16 153+273 = 426

17 429+437 = 866

18 693+273 = 966

19 366+921 = 1287

20 774+184 = 958

21 645+128 = 773

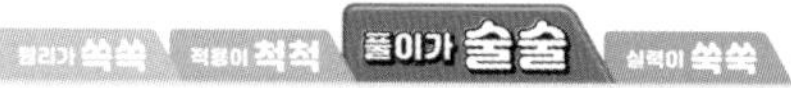

받아올림이 한 번 있는 세 자리 수의 덧셈을 세로셈으로 해 보세요.

01	285 + 152 = 437
02	471 + 235 = 706
03	332 + 186 = 518
04	105 + 249 = 354
05	474 + 923 = 1397
06	294 + 345 = 639
07	637 + 303 = 940
08	466 + 251 = 717
09	542 + 513 = 1055
10	439 + 327 = 766
11	519 + 369 = 888
12	264 + 463 = 727

받아올림이 한 번 있는 세 자리 수의 덧셈을 가로셈으로 해 보세요.

01 $7\overset{1}{1}6+275=991$

02 $\overset{1}{4}77+152=629$

03 $124+708=832$

04 $557+218=775$

05 $466+229=695$

06 $634+194=828$

07 $469+208=677$

08 $376+711=1087$

09 $459+539=998$

10 $351+575=926$

11 $745+850=1595$

12 $295+681=976$

13 $534+643=1177$

14 $403+856=1259$

원리가 쏙쏙 적용이 척척 풀이가 술술 실력이 쑥쑥

사다리를 타고 내려오며 덧셈을 하여 알맞은 수를 구해 보세요.

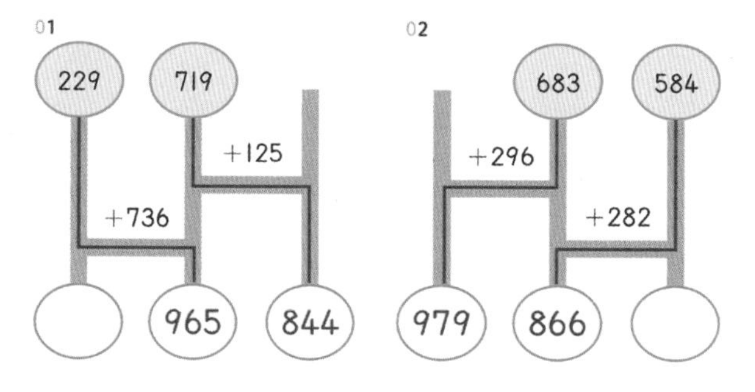

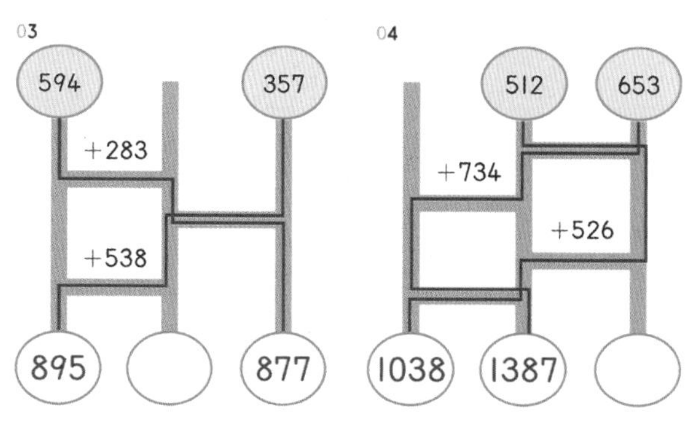

두 수의 합이 동물들이 들고 있는 수가 되도록
두 수를 묶어 보세요.

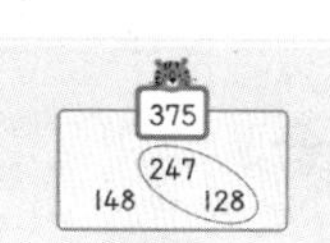

01

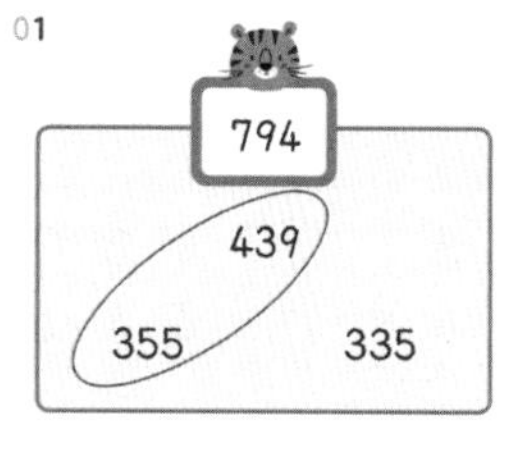

02

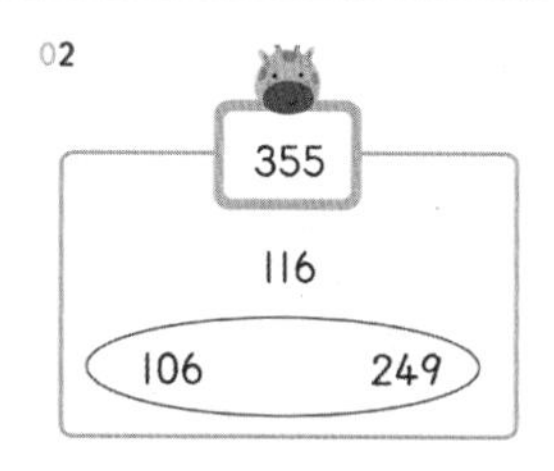

03

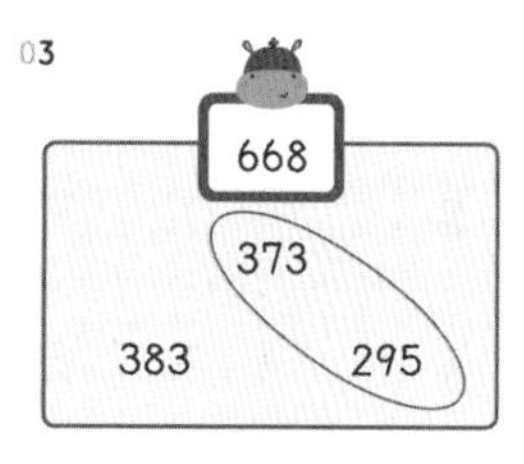

04

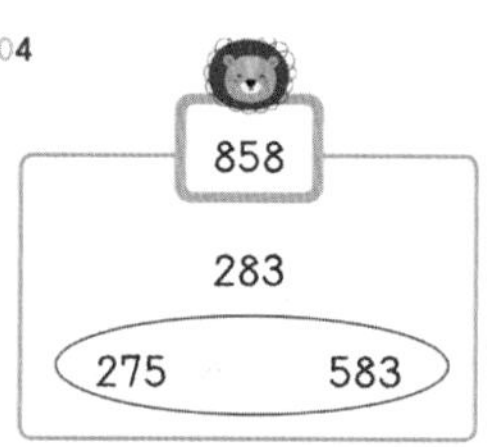

05

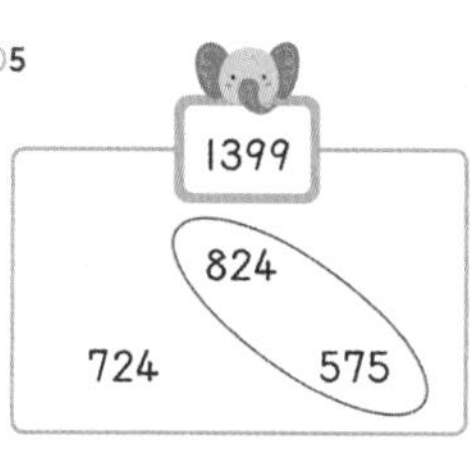

06

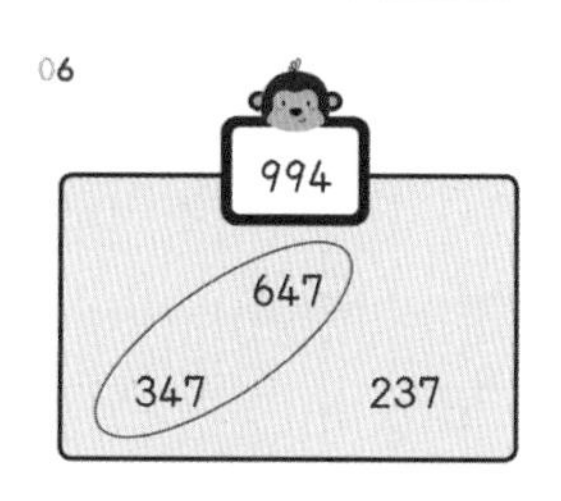

받아올림이 두 번 있는 (세 자리 수)+(세 자리 수)

원리가 쏙쏙 적용이 척척 풀이가 술술 실력이 쑥쑥

받아올림이 두 번 있는 세 자리 수의 덧셈을 일의 자리 수부터 차례대로 계산해 보세요.

	5	3	7
+	9	3	7
1	4	7	4

	3	4	9
+	4	7	9
	8	2	8

	3	7	0
+	9	8	5
1	3	5	5

01 463+807 계산하기

	4	6	3
+	8	0	7
1	2	7	0

02 228+867 계산하기

	2	2	8
+	8	6	7
1	0	9	5

03 129+798 계산하기

	1	2	9
+	7	9	8
	9	2	7

04 850+172 계산하기

	8	5	0
+	1	7	2
1	0	2	2

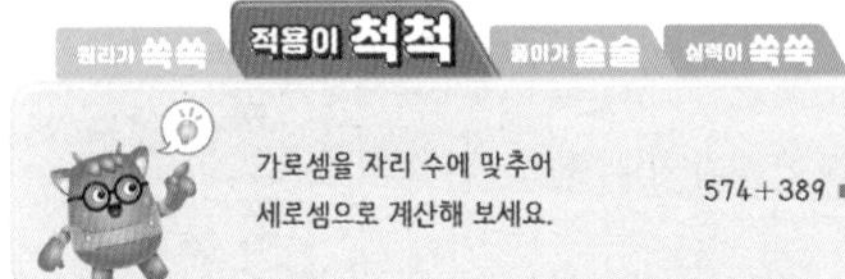

원리가 쏙쏙 적용이 척척 풀이가 술술 실력이 쑥쑥

가로셈을 자리 수에 맞추어 세로셈으로 계산해 보세요.

574+389 ➡

	5	7	4
+	3	8	9
	9	6	3

01 297+435

	2	9	7
+	4	3	5
	7	3	2

02 339+285

	3	3	9
+	2	8	5
	6	2	4

03 359+487

	3	5	9
+	4	8	7
	8	4	6

04 686+860

	6	8	6
+	8	6	0
1	5	4	6

05 218+876

	2	1	8
+	8	7	6
1	0	9	4

06 719+656

	7	1	9
+	6	5	6
1	3	7	5

07 450+763

	4	5	0
+	7	6	3
1	2	1	3

08 829+514

	8	2	9
+	5	1	4
1	3	4	3

09 354+577

	3	5	4
+	5	7	7
	9	3	1

10 447+367

	4	4	7
+	3	6	7
	8	1	4

11 994+661

	9	9	4
+	6	6	1
1	6	5	5

12 254+589

	2	5	4
+	5	8	9
	8	4	3

13 517+296

	5	1	7
+	2	9	6
	8	1	3

14 379+817

	3	7	9
+	8	1	7
1	1	9	6

15 797+189

	7	9	7
+	1	8	9
	9	8	6

16 198+224

	1	9	8
+	2	2	4
	4	2	2

17 278+657

	2	7	8
+	6	5	7
	9	3	5

18 854+361

	8	5	4
+	3	6	1
1	2	1	5

19 737+326

	7	3	7
+	3	2	6
1	0	6	3

20 719+528

	7	1	9
+	5	2	8
1	2	4	7

21 368+398

	3	6	8
+	3	9	8
	7	6	6

p.030~031

원리가 쑥쑥 | 적용이 척척 | **풀이가 술술** | 실력이 쑥쑥

받아올림이 두 번 있는 세 자리 수의 덧셈을 세로셈으로 해 보세요.

01 $325 + 186 = 511$

02 $268 + 396 = 664$

03 $573 + 288 = 861$

04 $365 + 577 = 942$

05 $369 + 365 = 734$

06 $439 + 837 = 1276$

07 $439 + 476 = 915$

08 $674 + 298 = 972$

09 $854 + 471 = 1325$

10 $469 + 286 = 755$

11 $538 + 657 = 1195$

12 $686 + 850 = 1536$

13 $278 + 465 = 743$

14 $169 + 579 = 748$

15 $356 + 159 = 515$

16 $289 + 674 = 963$

17 $567 + 791 = 1358$

18 $572 + 718 = 1290$

19 $139 + 798 = 937$

20 $943 + 793 = 1736$

21 $572 + 608 = 1180$

22 $347 + 597 = 944$

23 $634 + 559 = 1193$

24 $279 + 575 = 854$

25 $783 + 755 = 1538$

26 $485 + 359 = 844$

27 $582 + 893 = 1475$

p.032~033

원리가 쑥쑥 | 적용이 척척 | 풀이가 술술 | **실력이 쑥쑥**

오른쪽 그림과 같은 규칙을 이용하여
각 빈칸에 알맞은 수를 써넣어 보세요.

297+136 → 433
297 | 136

01
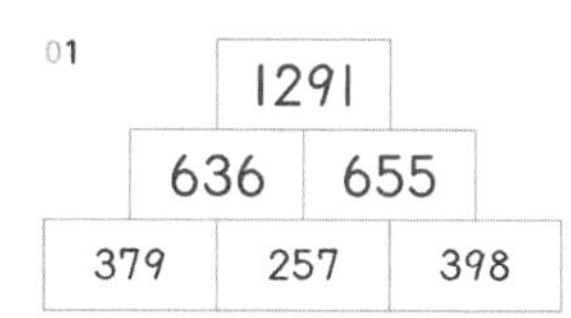

02
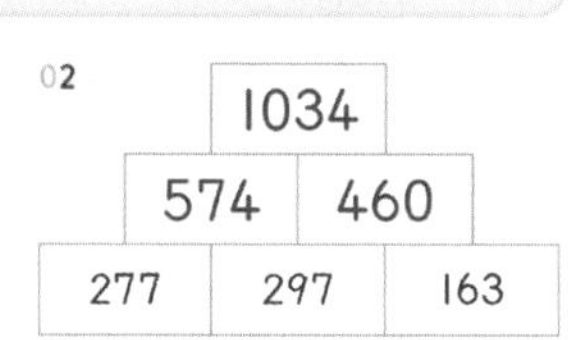

03
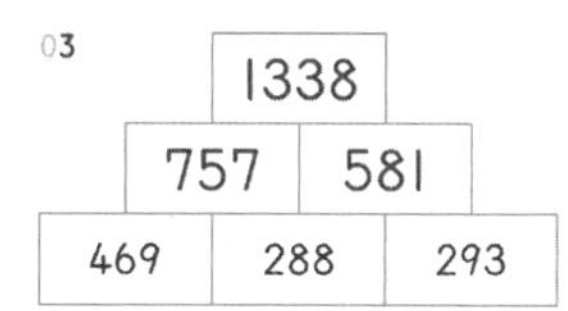

04
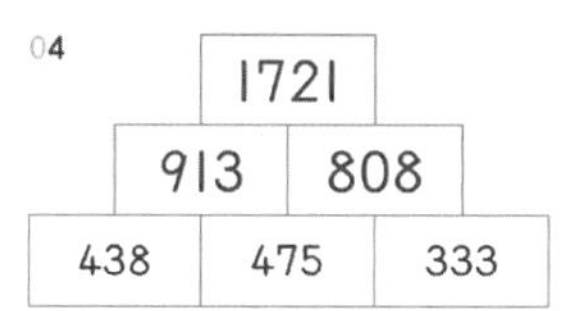

05
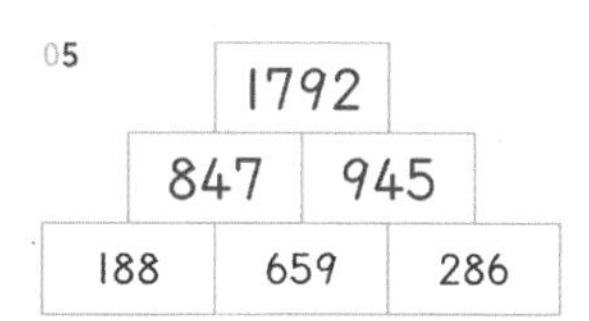

06

1514

823 691

326 497 194

힌트를 보고 가로와 세로의 빈칸에 알맞은 수를 써넣어 보세요.

힌트

가로 열쇠	세로 열쇠
① 953+796 = 1749	㉠ 624+537 = 1161
② 369+264 = 633	㉡ 457+157 = 614
③ 651+856 = 1507	㉢ 277+298 = 575
④ 914+358 = 1272	㉣ 735+619 = 1354
⑤ 384+369 = 753	㉤ 593+645 = 1238

① 1	7	4	9	㉠ 1
1	④ 1	2	7	2
② 6	3	3	㉢ 5	3
③ 1	5	0	7	8
4	4	⑤ 7	5	3

p.035

받아올림이 세 번 있는 (세 자리 수)+(세 자리 수)

원리가 쏙쏙 | 적용이 척척 | 풀이가 술술 | 실력이 쑥쑥

받아올림이 세 번 있는 세 자리 수의 덧셈을 일의 자리 수부터 차례대로 계산해 보세요.

1	1	1	
	7	7	4
+	6	5	8
1	4	3	2

01 358+798 계산하기

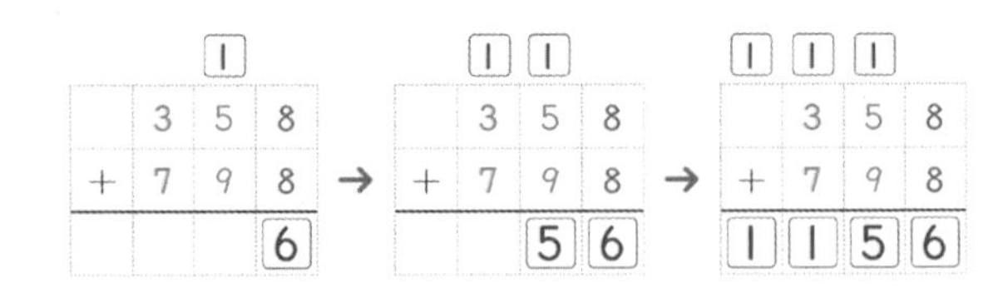

02 727+885 계산하기

1	1	1	
	7	2	7
+	8	8	5
1	6	1	2

03 397+979 계산하기

1	1	1	
	3	9	7
+	9	7	9
1	3	7	6

p.036~037

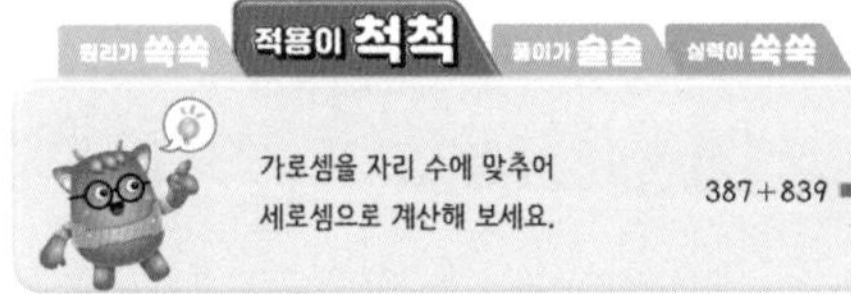

1	1	1	
	3	8	7
+	8	3	9
1	2	2	6

01 769+498 (받아올림 1 1 1)

	7	6	9
+	4	9	8
1	2	6	7

02 597+978 (받아올림 1 1 1)

	5	9	7
+	9	7	8
1	5	7	5

03 578+678 (받아올림 1 1 1)

	5	7	8
+	6	7	8
1	2	5	6

04 568+679 (받아올림 1 1 1)

	5	6	8
+	6	7	9
1	2	4	7

05 786+657 (받아올림 1 1 1)

	7	8	6
+	6	5	7
1	4	4	3

06 338+967 (받아올림 1 1 1)

	3	3	8
+	9	6	7
1	3	0	5

07 886+737 (받아올림 1 1 1)

	8	8	6
+	7	3	7
1	6	2	3

08 479+856 (받아올림 1 1 1)

	4	7	9
+	8	5	6
1	3	3	5

09 747+987 (받아올림 1 1 1)

	7	4	7
+	9	8	7
1	7	3	4

10 219+785

	2	1	9
+	7	8	5
1	0	0	4

11 986+879

	9	8	6
+	8	7	9
1	8	6	5

12 654+789

	6	5	4
+	7	8	9
1	4	4	3

13 947+385

	9	4	7
+	3	8	5
1	3	3	2

14 396+757

	3	9	6
+	7	5	7
1	1	5	3

15 869+952

	8	6	9
+	9	5	2
1	8	2	1

16 476+977

	4	7	6
+	9	7	7
1	4	5	3

17 674+956

	6	7	4
+	9	5	6
1	6	3	0

18 466+587

	4	6	6
+	5	8	7
1	0	5	3

19 846+664

	8	4	6
+	6	6	4
1	5	1	0

20 374+849

	3	7	4
+	8	4	9
1	2	2	3

21 679+679

	6	7	9
+	6	7	9
1	3	5	8

p.038~039

원리가 쏙쏙 | 적용이 척척 | **풀이가 술술** | 실력이 쑥쑥

받아올림이 세 번 있는 세 자리 수의 덧셈을 세로셈으로 해 보세요.

01. 759 + 498 = 1257
02. 638 + 798 = 1436
03. 685 + 348 = 1033
04. 596 + 957 = 1553
05. 487 + 859 = 1346
06. 478 + 668 = 1146
07. 369 + 782 = 1151
08. 759 + 687 = 1446
09. 996 + 298 = 1294
10. 582 + 749 = 1331
11. 857 + 665 = 1522
12. 595 + 578 = 1173

13. 977 + 899 = 1876
14. 727 + 885 = 1612
15. 576 + 987 = 1563
16. 466 + 959 = 1425
17. 399 + 756 = 1155
18. 466 + 587 = 1053
19. 659 + 768 = 1427
20. 879 + 858 = 1737
21. 298 + 876 = 1174
22. 756 + 597 = 1353
23. 368 + 986 = 1354
24. 758 + 687 = 1445
25. 878 + 868 = 1746
26. 951 + 869 = 1820
27. 979 + 689 = 1668

p.040~041

원리가 쏙쏙 | 적용이 척척 | 풀이가 술술 | **실력이 쑥쑥**

양팔저울이 기울어지지 않도록 빈 곳에 알맞은 수를 써넣으세요.

01. 467 | 764 — 1231
02. 596 | 589 — 1185
03. 1014 — 229 | 785
04. 1234 — 689 | 545
05. 487 | 979 — 1466
06. 889 | 699 — 1588
07. 1150 — 394 | 756
08. 1364 — 667 | 697

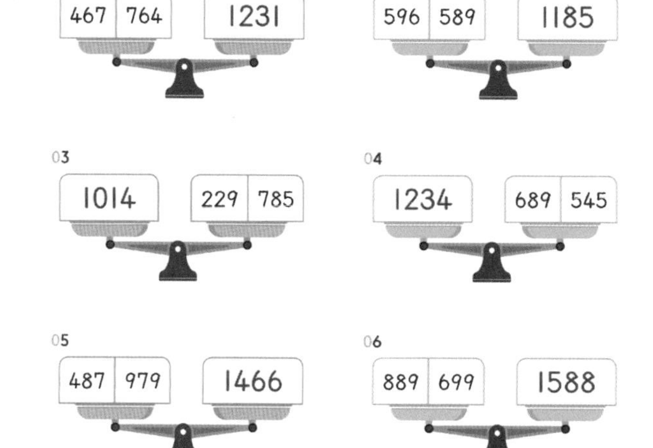

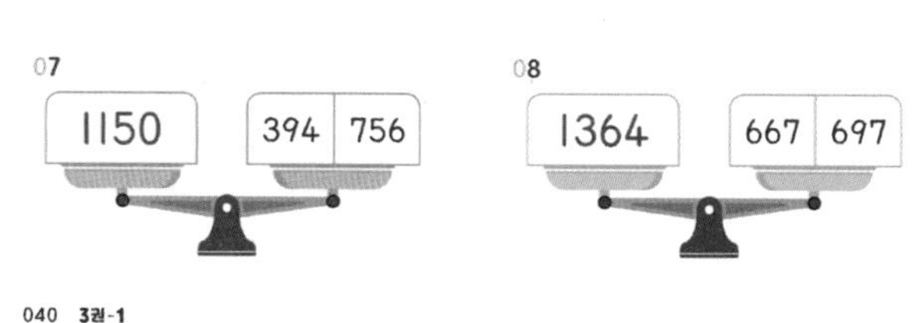

두 수의 덧셈의 결과가 올바른 길을 찾아 선을 그려 보세요.

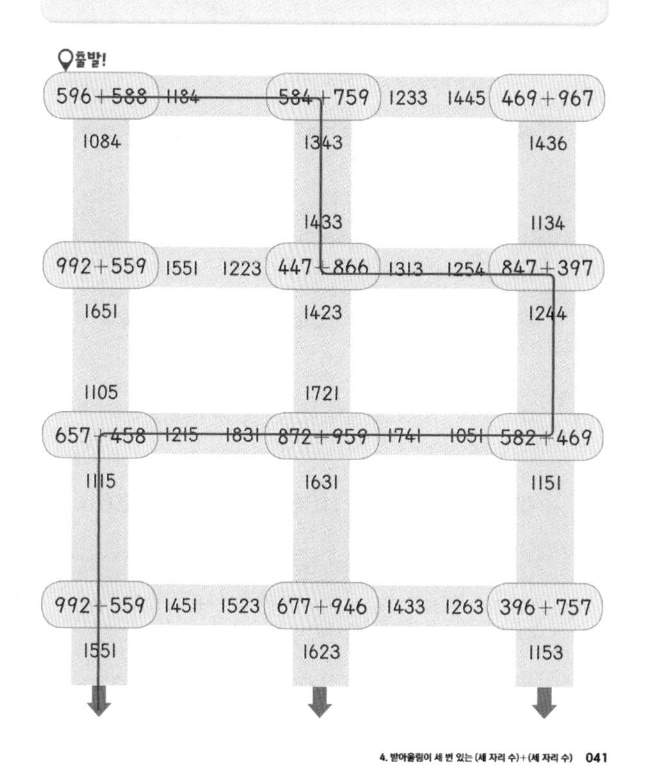

p.042~043

1~4 연산의 활용

1에서 배운 연산으로 해결해 봐요!

▶ 두 수의 합이 가장 큰 수 또는 가장 작은 수로 만들어 봐요
주어진 수 중 두 수를 골라 조건에 맞게 두 수의 합을 구해 보세요. **수**

01 286 365 166 488

두 수의 합이 가장 큰 경우

488 + 365 = 853

02 573 647 487 592

두 수의 합이 가장 작은 경우

487 + 573 = 1060

03 549 759 580 490

두 수의 합이 가장 큰 경우

759 + 580 = 1339

▶ 규칙에 맞게 계산해 봐요
오른쪽 규칙에 따라 덧셈을 해 보세요. **규칙**

387 ➡ 27 = 387+127
387 ➡➡ 27 = 387+227

01 267 ➡ 98 ➡ 78 = 643

02 596 ➡ 69 ➡➡ 26 = 991

03 687 ➡➡ 76 ➡ 59 = 1122

04 638 ➡➡ 75 ➡➡ 98 = 1211

p.044

▶ 문장의 뜻을 이해하며 식을 세워 봐요
이야기 속에 주어진 조건을 생각하며 덧셈식을 세우고 답을 구해 보세요. **문장제**

01 올해 아인이네 학년 여학생은 174명이고, 남학생은 185명입니다.
아인이네 학년 학생은 모두 몇 명입니까?

식 174+185=359 답 359 명

02 공장에서 과자를 어제는 566개 만들었고, 오늘은 278개 만들었습니다.
공장에서 어제와 오늘 만든 과자는 모두 몇 개입니까?

식 566+278=844 답 844 개

03 우리 마을에서 도서관에 486권, 학교에 650권의 책을 기부했습니다.
우리 마을에서 기부한 책은 모두 몇 권입니까?

식 486+650=1136 답 1136 권

04 오늘 과수원에서 사과는 746개, 배는 857개를 땄습니다.
오늘 수확한 과일은 모두 몇 개입니까?

식 746+857=1603 답 1603 개

p.049

받아내림이 없는 (세 자리 수)－(세 자리 수)

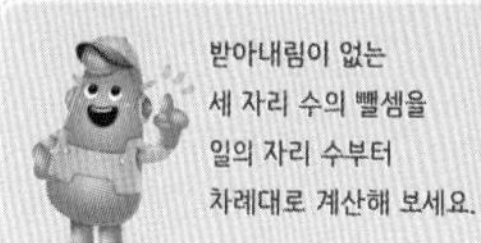

받아내림이 없는 세 자리 수의 뺄셈을 일의 자리 수부터 차례대로 계산해 보세요.

498－274 → 4, 24, 224

01 536－330 계산하기

536－330＝206

02 759－546 계산하기

759－546＝213

03 527－203 계산하기

527－203＝324

04 656－314 계산하기

656－314＝342

p.050~051

원리가 쏙쏙 적용이 척척 풀이가 술술 실력이 쑥쑥

가로셈을 자리 수에 맞추어 세로셈으로 계산해 보세요.

983－660 ➡ 983－660＝323

01	345－144	201
02	716－304	412
03	925－802	123
04	471－341	130
05	269－153	116
06	637－126	511
07	589－364	225
08	837－415	422
09	976－356	620
10	649－447	202
11	535－230	305
12	758－241	517
13	446－220	226
14	527－203	324
15	648－518	130
16	985－624	361
17	774－521	253
18	954－433	521
19	786－172	614
20	565－311	254
21	849－547	302

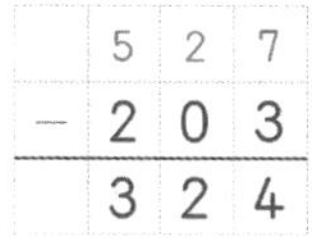

p.052~053

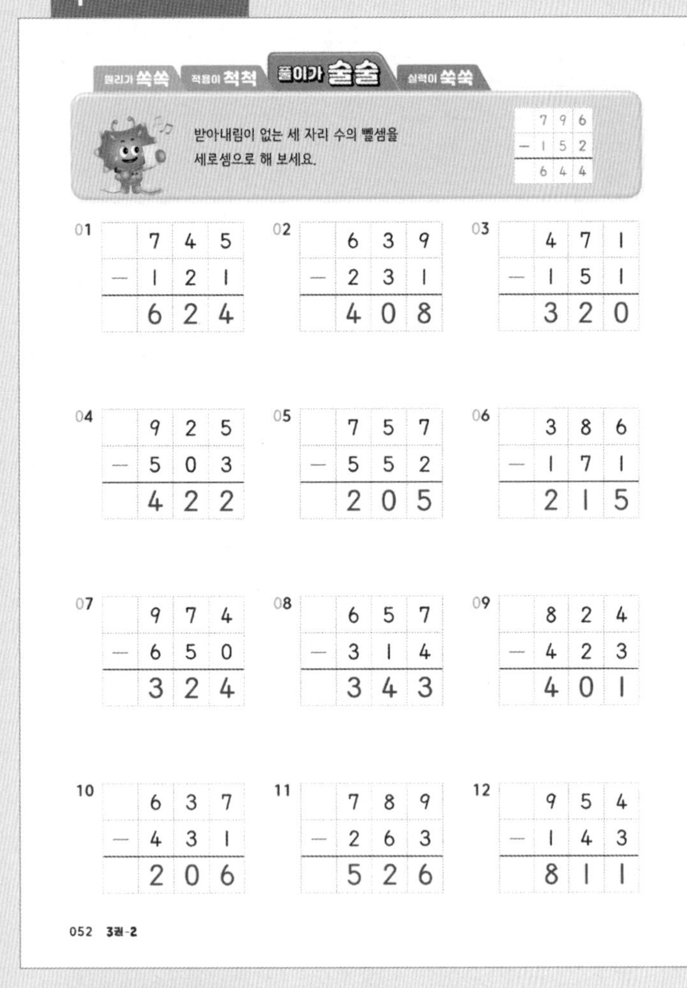

원리가 쏙쏙 적용이 척척 **풀이가 술술** 실력이 쑥쑥

받아내림이 없는 세 자리 수의 뺄셈을 세로셈으로 해 보세요.

01 745 − 121 = 624

02 639 − 231 = 408

03 471 − 151 = 320

04 925 − 503 = 422

05 757 − 552 = 205

06 386 − 171 = 215

07 974 − 650 = 324

08 657 − 314 = 343

09 824 − 423 = 401

10 637 − 431 = 206

11 789 − 263 = 526

12 954 − 143 = 811

052 3권-2

받아내림이 없는 세 자리 수의 뺄셈을 가로셈으로 해 보세요.

497 − 215 = 282

01 516−104= 412

02 471−251= 220

03 294−183= 111

04 527−204= 323

05 874−421= 453

06 925−803= 122

07 859−146= 713

08 824−622= 202

09 735−423= 312

10 975−620= 355

11 394−183= 211

12 834−424= 410

13 826−303= 523

14 967−342= 625

5. 받아내림이 없는 (세 자리 수)−(세 자리 수) 053

p.054~055

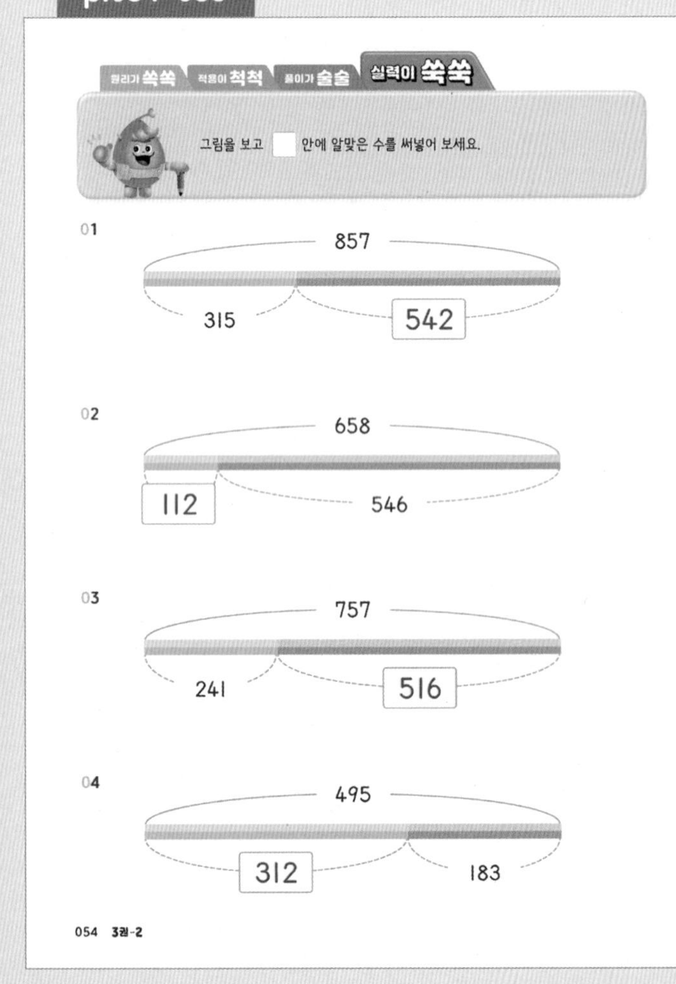

원리가 쏙쏙 적용이 척척 풀이가 술술 **실력이 쑥쑥**

그림을 보고 □ 안에 알맞은 수를 써넣어 보세요.

01 857: 315, 542

02 658: 112, 546

03 757: 241, 516

04 495: 312, 183

054 3권-2

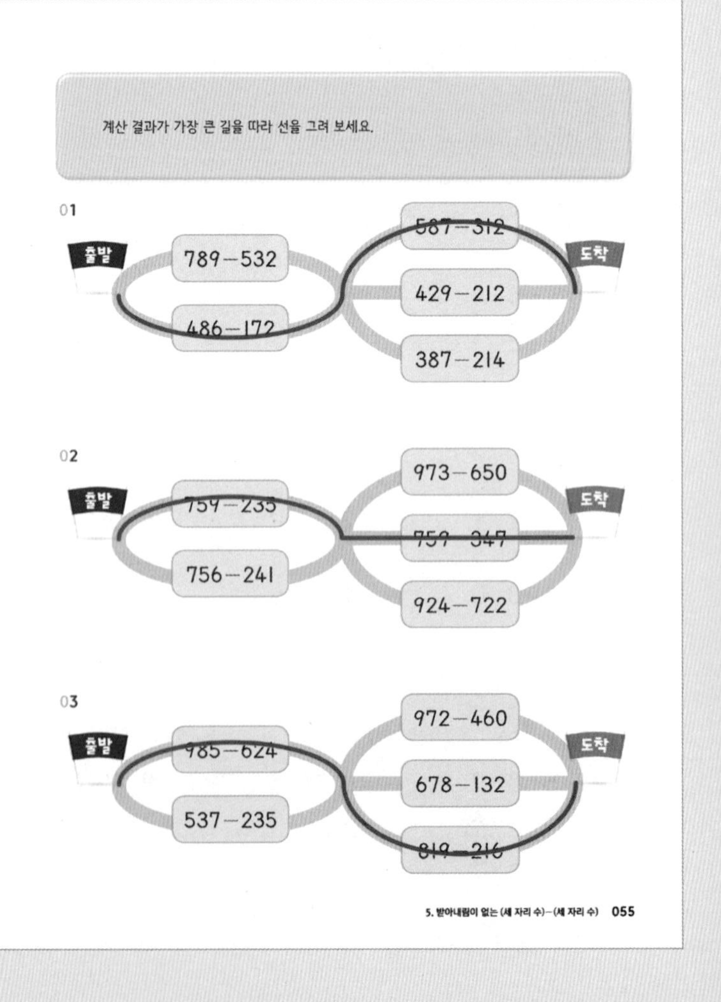

계산 결과가 가장 큰 길을 따라 선을 그려 보세요.

01 출발 789−532 / 486−172 / 587−312 / 429−212 / 387−214 도착

02 출발 759−235 / 756−241 / 973−650 / 759−347 / 924−722 도착

03 출발 985−624 / 537−235 / 972−460 / 678−132 / 819−216 도착

5. 받아내림이 없는 (세 자리 수)−(세 자리 수) 055

받아내림이 한 번 있는 (세 자리 수)−(세 자리 수)

p.057

원리가 쏙쏙 | 적용이 척척 | 풀이가 술술 | 실력이 쑥쑥

받아내림이 한 번 있는 세 자리 수의 뺄셈을 일의 자리 수부터 차례대로 계산해 보세요.

5 8 1 − 1 0 6 → 5 → 75 → 475

981−525 계산하기

01

	9	8	1
−	5	2	5
			6

→ (7, 10)

	9	8	1
−	5	2	5
		5	6

→ (7, 10)

	9	8	1
−	5	2	5
	4	5	6

535−273 계산하기

02

	5	3	5
−	2	7	3
			2

→ (4, 10)

	5	3	5
−	2	7	3
		6	2

→ (4, 10)

	5	3	5
−	2	7	3
	2	6	2

p.058~059

원리가 쏙쏙 | 적용이 척척 | 풀이가 술술 | 실력이 쑥쑥

가로셈을 자리 수에 맞추어 세로셈으로 계산해 보세요.

791−384 ➡ 791 − 384 = 407

01 656−127 (4, 10): 656 − 127 = 529

02 881−329 (7, 10): 881 − 329 = 552

03 864−236 (5, 10): 864 − 236 = 628

04 518−164 (4, 10): 518 − 164 = 354

05 928−473 (8, 10): 928 − 473 = 455

06 606−392 (5, 10): 606 − 392 = 214

07 355−163 (2, 10): 355 − 163 = 192

08 947−782 (8, 10): 947 − 782 = 165

09 538−363 (4, 10): 538 − 363 = 175

10 493−354: 493 − 354 = 139

11 683−427: 683 − 427 = 256

12 771−419: 771 − 419 = 352

13 690−218: 690 − 218 = 472

14 562−217: 562 − 217 = 345

15 894−548: 894 − 548 = 346

16 527−165: 527 − 165 = 362

17 475−337: 475 − 337 = 138

18 818−273: 818 − 273 = 545

19 894−548: 894 − 548 = 346

20 743−315: 743 − 315 = 428

21 908−492: 908 − 492 = 416

p.060~061

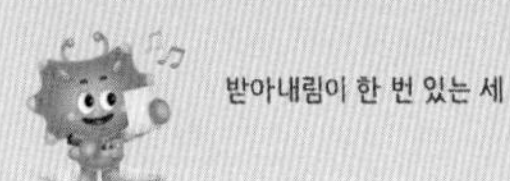

받아내림이 한 번 있는 세 자리 수의 뺄셈을 세로셈으로 해 보세요.

01 770 − 145 = 625

02 341 − 218 = 123

03 469 − 185 = 284

04 527 − 365 = 162

05 706 − 172 = 534

06 828 − 597 = 231

07 541 − 318 = 223

08 971 − 435 = 536

09 690 − 269 = 421

10 976 − 728 = 248

11 859 − 374 = 485

12 916 − 243 = 673

13 643 − 137 = 506

14 658 − 319 = 339

15 553 − 239 = 314

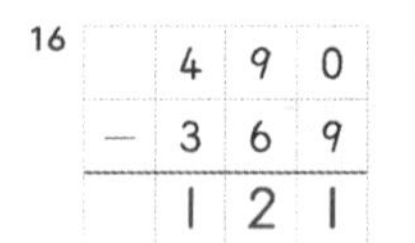

16 490 − 369 = 121

17 860 − 245 = 615

18 728 − 597 = 131

19 915 − 563 = 352

20 894 − 458 = 436

21 943 − 218 = 725

22 385 − 137 = 248

23 980 − 157 = 823

24 882 − 118 = 764

25 749 − 195 = 554

26 793 − 648 = 145

27 662 − 326 = 336

p.062~063

사다리를 타고 내려오며 뺄셈을 하여 알맞은 수를 구해 보세요.

01 02

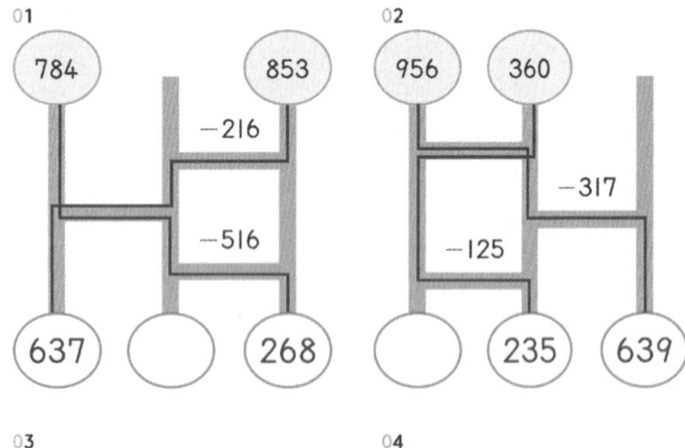

03 04

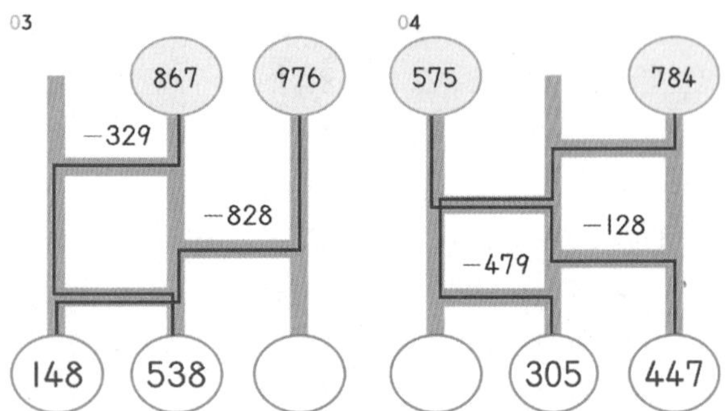

두 수의 차가 동물들이 들고 있는 수가 되도록 두 수를 묶어 보세요.

161
435
262 274

01 435 — 683, 138, 248 (683과 248을 묶음)

02

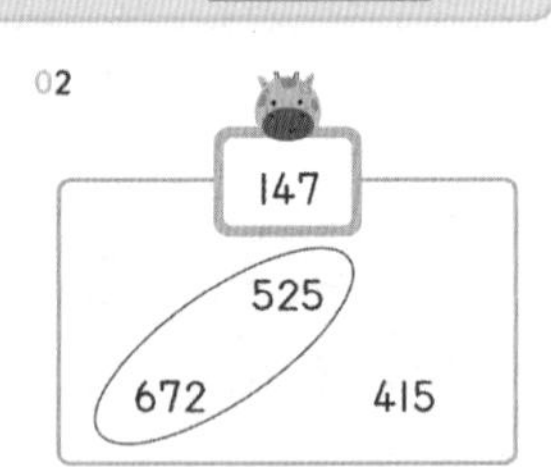

03

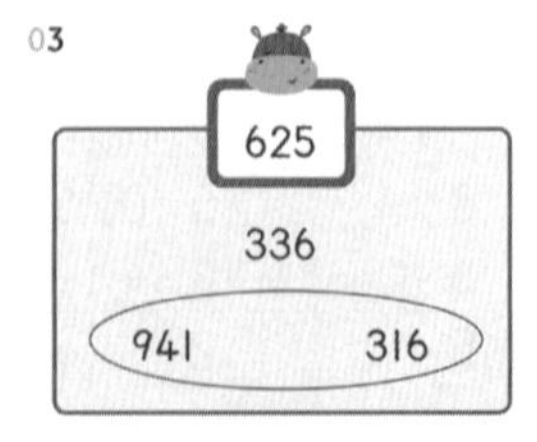

04 727 — 128, 148, 855 (128과 855를 묶음)

05

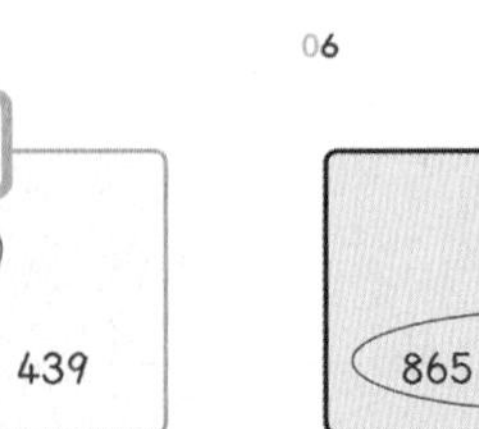

06

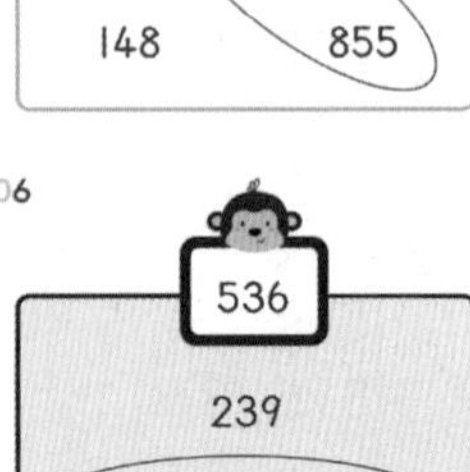

p.065

7

받아내림이 두 번 있는 뺄셈

원리가 쏙쏙 | 적용이 척척 | 풀이가 술술 | 실력이 쑥쑥

받아내림이 두 번 있는 뺄셈을 일의 자리 수부터 차례대로 계산해 보세요.

(3 10) 7 4̸ 3 − 3 5 8 = 5 → (10 / 6 3 10) 7̸ 4̸ 3 − 3 5 8 = 8 5 → (10 / 6 3 10) 7̸ 4̸ 3 − 3 5 8 = 3 8 5

444−269 계산하기

01
- (3 10) 4 4̸ 4 − 2 6 9 = 5
- → (10 / 3 10) 4̸ 4̸ 4 − 2 6 9 = 7 5
- → (10 / 3 3 10) 4̸ 4̸ 4 − 2 6 9 = 1 7 5

1575−927 계산하기

02
- (6 10) 1 5 7̸ 5 − 9 2 7 = 8
- → (6 10) 1 5 7̸ 5 − 9 2 7 = 4 8
- → (10 6 10) 1̸ 5 7̸ 5 − 9 2 7 = 6 4 8

p.066~067

원리가 쏙쏙 | 적용이 척척 | 풀이가 술술 | 실력이 쑥쑥

받아내림이 두 번 있는 세 자리 수의 뺄셈을 세로셈으로 해 보세요.

(1 10) 5 2̸ 2 − 3 5 8 = 4 → (4 11 10) 5̸ 2̸ 2 − 3 5 8 = 1 6 4

01 (5 11 10) 6̸ 2̸ 3 − 1 6 5 = 4 5 8

02 (2 12 10) 3̸ 3̸ 7 − 1 4 8 = 1 8 9

03 (6 11 10) 7̸ 2̸ 0 − 4 6 6 = 2 5 4

04 (8 11 10) 9 2 3 − 6 8 5 = 2 3 8

05 (2 16 10) 3 7 8 − 1 7 9 = 1 9 9

06 (7 11 10) 8 2 1 − 5 4 7 = 2 7 4

십의 자리에서 받아내릴 수 없기 때문에 백의 자리에서 십의 자리로, 십의 자리에서 일의 자리로 연속하여 받아내려요. 따라서 백의 자리에서 십의 자리로 9, 일의 자리로 10을 받아내린 것과 같아요.

07 (7 9 10) 8̸ 0 5 − 1 5 9 = 6 4 6

08 (4 9 10) 5 0 2 − 1 1 5 = 3 8 7

09 (6 9 10) 7 0 0 − 5 3 5 = 1 6 5

받아내림이 두 번 있는 (네 자리 수)−(세 자리 수)를 세로셈으로 해 보세요.

(10 7 10) 1̸ 3 8̸ 4 − 7 6 6 = 6 1 8 | (12 10) 1̸ 3̸ 6 5 − 6 8 5 = 6 8 0

01 (10 4 10) 1̸ 8 5̸ 3 − 9 2 5 = 9 2 8

02 (10 7 10) 1̸ 2 8̸ 4 − 7 6 6 = 5 1 8

03 (10 2 10) 1 3 3 0 − 4 1 7 = 9 1 3

04 (11 10) 1̸ 2̸ 5 9 − 8 6 2 = 3 9 7

05 (14 10) 1̸ 5̸ 4 0 − 7 5 0 = 7 9 0

06 (10 10) 1 1 4 7 − 9 5 2 = 1 9 5

07 (10 6 10) 1 0 7 8 − 6 3 9 = 4 3 9

08 (13 10) 1 4 0 6 − 6 6 2 = 7 4 4

09 (10 6 10) 1 4 7 5 − 9 2 7 = 5 4 8

p.068~069

원리가 쏙쏙 | 적용이 척척 | **풀이가 술술** | 실력이 쑥쑥

받아내림이 두 번 있는 (세 자리 수) − (세 자리 수)를 해 보세요.

01 863 − 385 = 478

02 512 − 278 = 234

03 920 − 529 = 391

04 513 − 254 = 259

05 617 − 119 = 498

06 810 − 639 = 171

07 921 − 232 = 689

08 826 − 257 = 569

09 642 − 393 = 249

10 747 − 389 = 358

11 922 − 534 = 388

12 886 − 398 = 488

받아내림이 두 번 있는 (네 자리 수) − (세 자리 수)를 해 보세요.

01 1530 − 614 = 916

02 1083 − 391 = 692

03 1092 − 977 = 115

04 1650 − 680 = 970

05 1058 − 629 = 429

06 1300 − 570 = 730

07 1093 − 877 = 216

08 1044 − 671 = 373

09 1337 − 763 = 574

10 1316 − 508 = 808

11 1269 − 572 = 697

12 1753 − 925 = 828

p.070~071

원리가 쏙쏙 | 적용이 척척 | 풀이가 술술 | **실력이 쑥쑥**

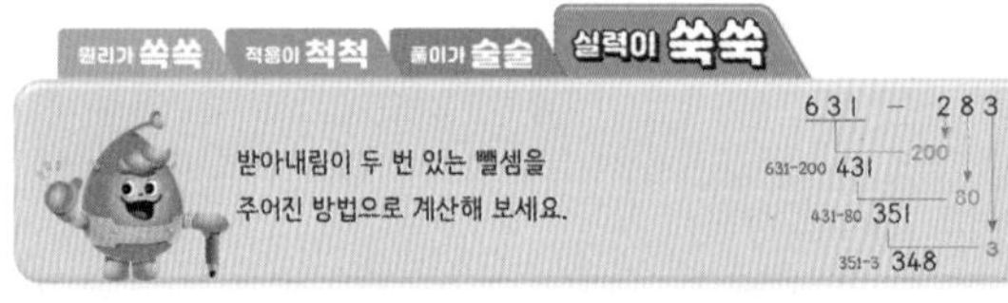

받아내림이 두 번 있는 뺄셈을 주어진 방법으로 계산해 보세요.

631 − 283 (200, 80, 3): 631-200 431, 431-80 351, 351-3 348

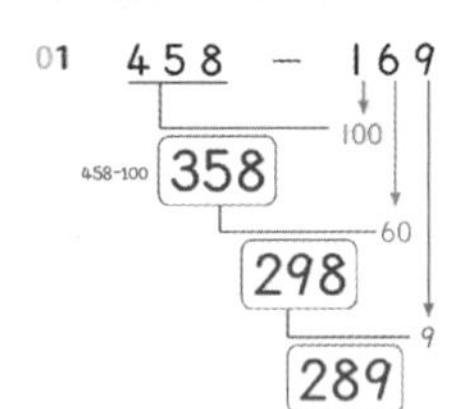

01 458 − 169 (100, 60, 9): 458-100 358 → 298 → 289

02 526 − 347 (300, 40, 7): 526-300 226 → 186 → 179

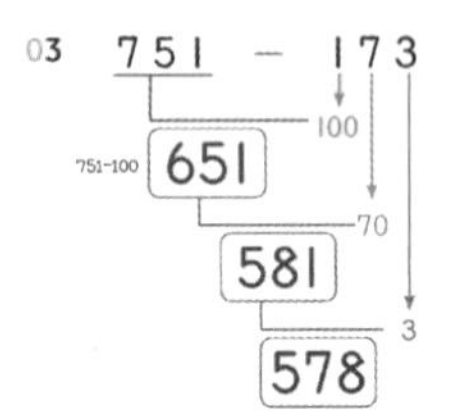

03 751 − 173 (100, 70, 3): 751-100 651 → 581 → 578

04 613 − 256 (200, 50, 6): 613-200 413 → 363 → 357

05 826 − 359 (300, 50, 9): 826-300 526 → 476 → 467

06 956 − 288 (200, 80, 8): 956-200 756 → 676 → 668

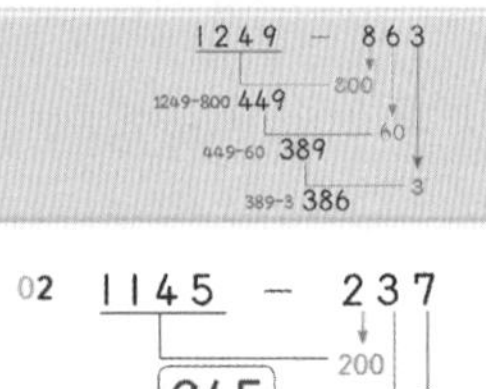

받아내림이 두 번 있는 뺄셈을 주어진 방법으로 계산해 보세요.

1249 − 863 (800, 60, 3): 1249-800 449, 449-60 389, 389-3 386

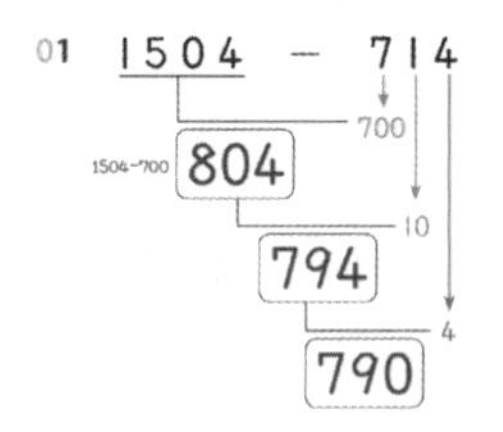

01 1504 − 714 (700, 10, 4): 1504-700 804 → 794 → 790

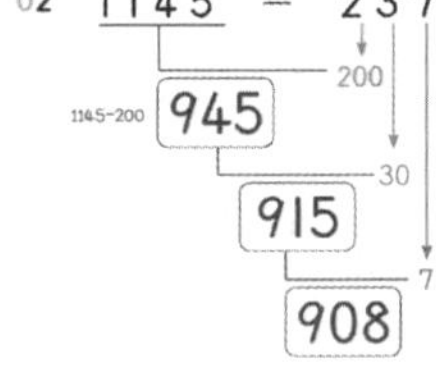

02 1145 − 237 (200, 30, 7): 1145-200 945 → 915 → 908

03 1058 − 639 (600, 30, 9): 1058-600 458 → 428 → 419

04 1428 − 474 (400, 70, 4): 1428-400 1028 → 958 → 954

05 1259 − 863 (800, 60, 3): 1259-800 459 → 399 → 396

06 1575 − 927 (900, 20, 7): 1575-900 675 → 655 → 648

받아내림이 세 번 있는 (네 자리 수)−(세 자리 수)

원리가 쑥쑥 적용이 척척 풀이가 술술 실력이 쑥쑥

받아내림이 세 번 있는 뺄셈을 일의 자리 수부터 차례대로 계산해 보세요.

1353 − 794 = 9 → 59 → 559

1121−739 계산하기

01 (1, 10) 1121 − 739 = 2 → (10; 0, 1, 10) 82 → (10, 11, 10) 382

1453−867 계산하기

02 (4, 10) 1453 − 867 = 6 → (10; 3, 4, 10) 86 → (13, 14, 10) 586

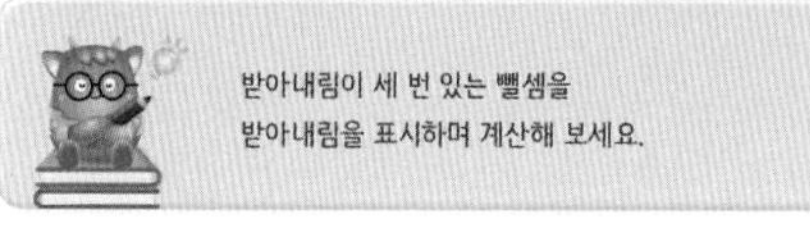

번호	받아내림	계산	답
01	12, 15, 10	1363 − 478	885
02	11, 14, 10	1251 − 598	653
03	10, 12, 10	1132 − 839	293
04	15, 11, 10	1627 − 879	748
05	11, 14, 10	1256 − 697	559
06	14, 11, 10	1523 − 795	728
07	12, 15, 10	1361 − 395	966
08	12, 13, 10	1343 − 875	468
09	15, 16, 10	1670 − 795	875
10	12, 9, 10	1304 − 575	729
11	10; 9, 1, 10	1021 − 846	175
12	10; 9, 5, 10	1067 − 698	369
13	12, 14, 10	1351 − 579	772
14	10, 14, 10	1152 − 294	858
15	10, 13, 10	1146 − 779	367
16	12, 13, 10	1343 − 876	467
17	14, 11, 10	1520 − 921	599
18	16, 11, 10	1721 − 769	952
19	17, 11, 10	1823 − 875	948
20	14, 10, 10	1515 − 837	678
21	15, 16, 10	1675 − 986	689

p.076~077

원리가 쏙쏙 | 적용이 척척 | **풀이가 술술** | 실력이 쑥쑥

받아내림이 세 번 있는 (네 자리 수)－(세 자리 수)를 세로셈으로 해 보세요.

01

	1	5	3	7
−		8	9	8
		6	3	9

02

	1	1	5	4
−		9	5	7
		1	9	7

03

	1	4	2	0
−		9	2	1
		4	9	9

04

	1	0	3	1
−		8	7	5
		1	5	6

05

	1	3	3	1
−		5	7	4
		7	5	7

06

	1	1	1	4
−		8	9	9
		2	1	5

07

	1	3	2	4
−		5	6	8
		7	5	6

08

	1	7	1	6
−		9	4	7
		7	6	9

09

	1	4	1	3
−		8	1	9
		5	9	4

10

	1	3	7	7
−		6	7	8
		6	9	9

11

	1	5	1	4
−		8	3	7
		6	7	7

12

	1	1	5	1
−		2	9	4
		8	5	7

13

	1	8	6	7
−		9	9	8
		8	6	9

14

	1	3	6	1
−		3	9	4
		9	6	7

15

	1	2	4	1
−		7	9	8
		4	4	3

16

	1	5	5	2
−		9	8	6
		5	6	6

17

	1	1	7	6
−		8	9	8
		2	7	8

18

	1	3	5	2
−		4	6	7
		8	8	5

19

	1	2	1	4
−		4	6	8
		7	4	6

20

	1	4	3	1
−		9	6	4
		4	6	7

21

	1	5	3	2
−		8	6	9
		6	6	3

22

	1	3	0	4
−		4	7	5
		8	2	9

23

	1	4	2	3
−		8	4	9
		5	7	4

24

	1	3	6	0
−		3	9	4
		9	6	6

p.078~079

원리가 쏙쏙 | 적용이 척척 | 풀이가 술술 | **실력이 쑥쑥**

받아내림이 세 번 있는 뺄셈을 주어진 방법으로 계산해 보세요.

1156－779 (→ 700＋70＋9)

	1	1	5	6
−		7	0	0
		4	5	6
−			7	0
		3	8	6
−				9
		3	7	7

01 1356－879

	1	3	5	6
−		8	0	0
		5	5	6
−			7	0
		4	8	6
−				9
		4	7	7

02 1211－487

	1	2	1	1
−		4	0	0
		8	1	1
−			8	0
		7	3	1
−				7
		7	2	4

03 1660－794

	1	6	6	0
−		7	0	0
		9	6	0
−			9	0
		8	7	0
−				4
		8	6	6

04 1521－922

	1	5	2	1
−		9	0	0
		6	2	1
−			2	0
		6	0	1
−				2
		5	9	9

05 1023－875

	1	0	2	3
−		8	0	0
		2	2	3
−			7	0
		1	5	3
−				5
		1	4	8

06 1423－798

	1	4	2	3
−		7	0	0
		7	2	3
−			9	0
		6	3	3
−				8
		6	2	5

07 1263－396

	1	2	6	3
−		3	0	0
		9	6	3
−			9	0
		8	7	3
−				6
		8	6	7

08 1347－649

	1	3	4	7
−		6	0	0
		7	4	7
−			4	0
		7	0	7
−				9
		6	9	8

09 1022－567

	1	0	2	2
−		5	0	0
		5	2	2
−			6	0
		4	6	2
−				7
		4	5	5

10 1525－668

	1	5	2	5
−		6	0	0
		9	2	5
−			6	0
		8	6	5
−				8
		8	5	7

11 1153－874

	1	1	5	3
−		8	0	0
		3	5	3
−			7	0
		2	8	3
−				4
		2	7	9

p.080~081

5~8 연산의 활용

2에서 배운 연산으로 해결해 봐요!

▶ 두 수의 차가 가장 큰 수 또는 가장 작은 수로 만들어 봐요
주어진 두 수를 골라 조건에 맞게 두 수의 차를 구해 보세요.

01 637 172 432 311

두 수의 차가 가장 큰 경우

637 − 172 = 465

02 501 243 382 129

두 수의 차가 가장 작은 경우

243 − 129 = 114

03 1530 926 744 1475

두 수의 차가 가장 큰 경우

1530 − 744 = 786

▶ 규칙에 맞게 계산해 봐요
오른쪽 규칙에 따라 순서대로 뺄셈을 해 보세요.

726 ⬆ 479 = 726−479
385 ⬇ 863 = 863−385

01 1659 ⬆ 787 ⬆ 558 = 314

02 413 ⬆ 256 ⬇ 716 = 559

03 489 ⬇ 1324 ⬆ 469 = 366

04 794 ⬇ 1613 ⬇ 1506 = 687

p.082

▶ 문장의 뜻을 이해하며 식을 세워 봐요
이야기 속에 주어진 조건을 생각하며 뺄셈식을 세우고
답을 구해 보세요.

01 소민이네 학교 학생은 모두 870명이고, 찬현이네 학교 학생은 673명입니다. 소민이네 학교 학생이 몇 명 더 많습니까?

식 870−673=197 답 197 명

02 이서는 435쪽짜리 책을 오늘까지 176쪽 읽었습니다. 남은 책은 몇 쪽입니까?

식 435−176=259 답 259 쪽

03 주형이는 그동안 모았던 구슬 756개 중에서 동생에게 227개를 주었습니다. 남은 구슬은 몇 개입니까?

식 756−227=529 답 529 개

04 공연장에 1423명의 관람객이 있습니다. 관람객 중 598명이 의자에 앉아 있을 때, 서 있는 사람은 몇 명입니까?

식 1423−598=825 답 825 명

세 수의 덧셈과 뺄셈 1

p.087

원리가 쏙쏙 적용이 척척 풀이가 술술 실력이 쑥쑥

계산 방법에 맞추어 세 수의 덧셈과 뺄셈을 해 보세요.

01 173+263+227 계산하기

173 + 263 + 227 = 663
436 + 227 = 663

02 376+186+352 계산하기

376 + 186 + 352 = 914
376 + 538 = 914

03 973−346−451 계산하기

973 − 346 − 451 = 176
627 − 451 = 176

04 867−429−175 계산하기

867 − 429 − 175 = 263
438 − 175 = 263

p.088~089

원리가 쏙쏙 적용이 척척 풀이가 술술 실력이 쑥쑥

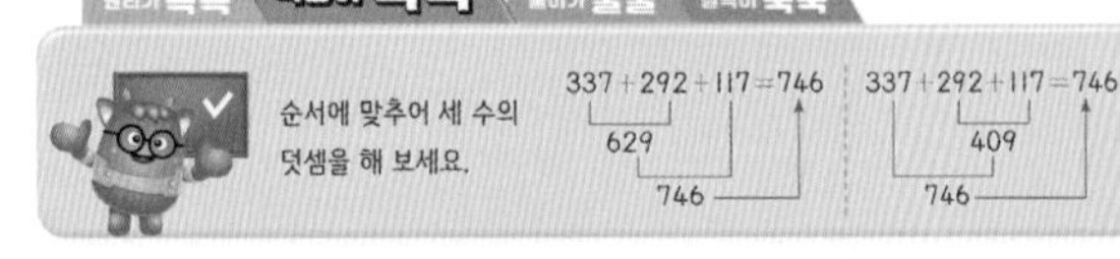

순서에 맞추어 세 수의 덧셈을 해 보세요.

337+292+117=746 (629, 746)
337+292+117=746 (409, 746)

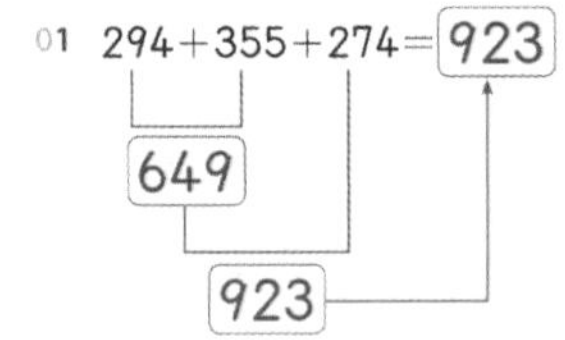

01 294+355+274=923 (649, 923)

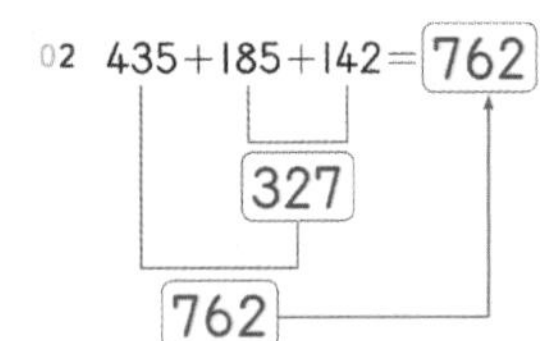

02 435+185+142=762 (327, 762)

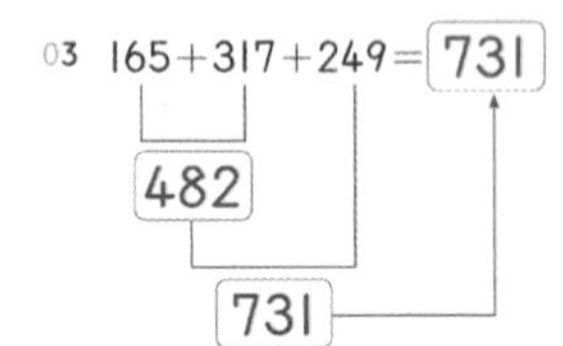

03 165+317+249=731 (482, 731)

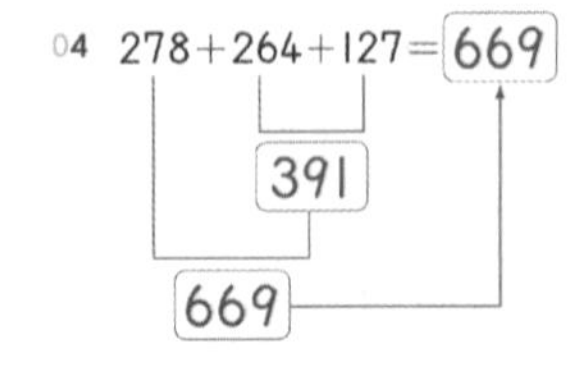

04 278+264+127=669 (391, 669)

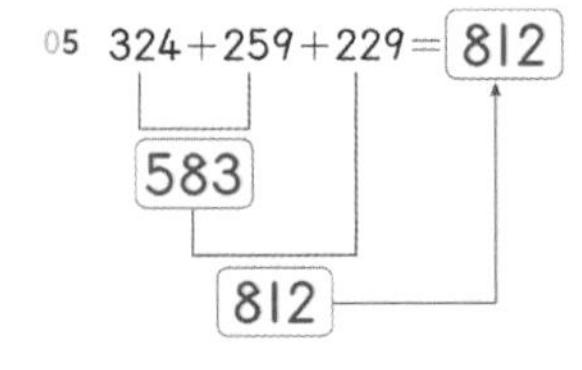

05 324+259+229=812 (583, 812)

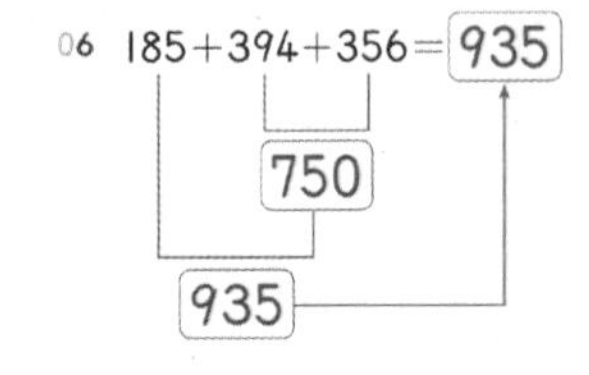

06 185+394+356=935 (750, 935)

앞에서부터 차례로 세 수의 뺄셈을 해 보세요.

638−282−197=159 (356, 159)

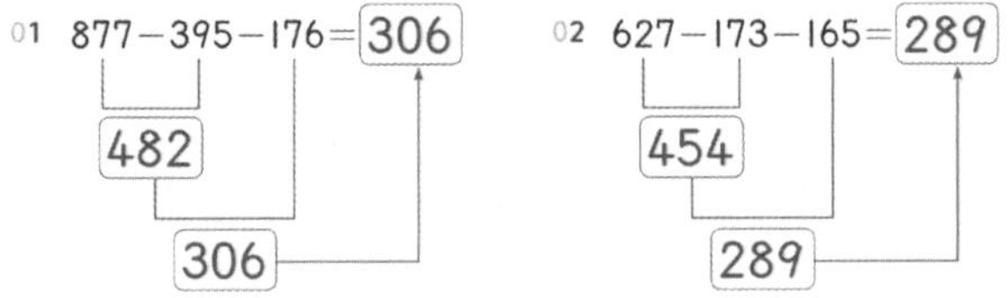

01 877−395−176=306 (482, 306)

02 627−173−165=289 (454, 289)

03 949−384−138=427 (565, 427)

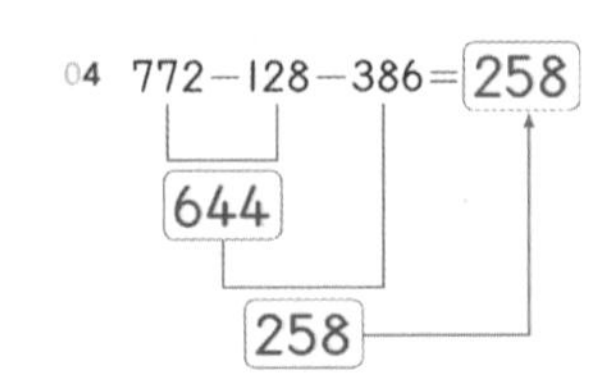

04 772−128−386=258 (644, 258)

05 849−370−283=196 (479, 196)

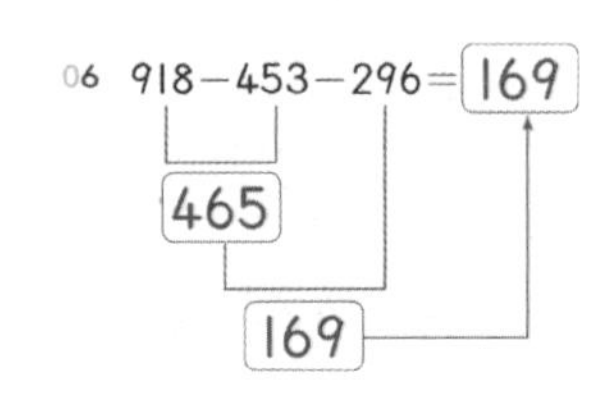

06 918−453−296=169 (465, 169)

p.090~091

세 수의 덧셈을 세로셈으로 해 보세요.

326+186+628

	3	2	6
+	1	8	6
	5	1	2
+	6	2	8
1	1	4	0

01 255+398+269

	2	5	5
+	3	9	8
	6	5	3
+	2	6	9
	9	2	2

02 384+468+491

	3	8	4
+	4	6	8
	8	5	2
+	4	9	1
1	3	4	3

03 129+798+203

	1	2	9
+	7	9	8
	9	2	7
+	2	0	3
1	1	3	0

04 169+579+462

	1	6	9
+	5	7	9
	7	4	8
+	4	6	2
1	2	1	0

05 456+373+651

	4	5	6
+	3	7	3
	8	2	9
+	6	5	1
1	4	8	0

세 수의 뺄셈을 세로셈으로 해 보세요.

1434−597−485

	1	4	3	4
−		5	9	7
		8	3	7
−		4	8	5
		3	5	2

01 1465−597−474

	1	4	6	5
−		5	9	7
		8	6	8
−		4	7	4
		3	9	4

02 1220−371−286

	1	2	2	0
−		3	7	1
		8	4	9
−		2	8	6
		5	6	3

03 1673−995−187

	1	6	7	3
−		9	9	5
		6	7	8
−		1	8	7
		4	9	1

04 1547−579−339

	1	5	4	7
−		5	7	9
		9	6	8
−		3	3	9
		6	2	9

05 1733−987−560

	1	7	3	3
−		9	8	7
		7	4	6
−		5	6	0
		1	8	6

p.092~093

원리가 쏙쏙 적용이 척척 풀이가 술술 실력이 쑥쑥

계단 위의 수를 모두 더하여 마지막 계단 위의 수를 구해 보세요.

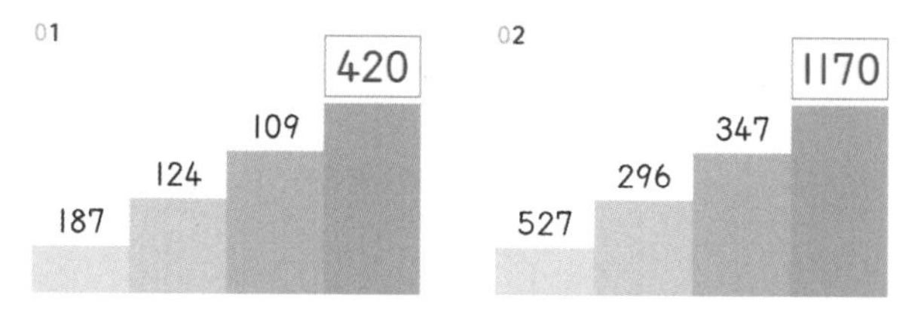

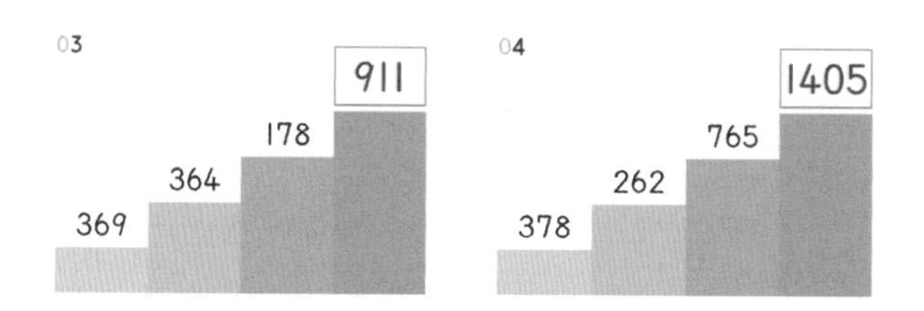

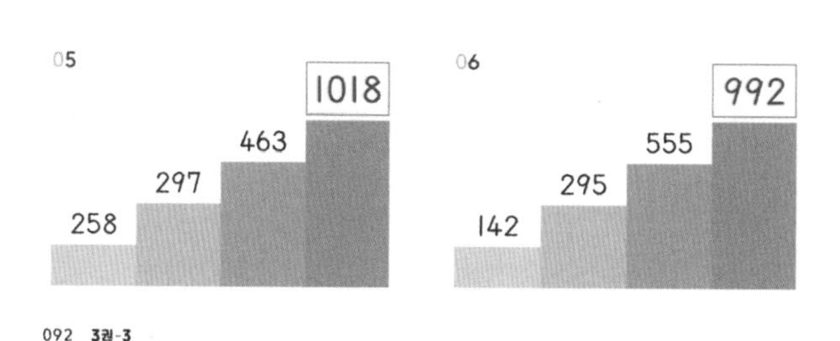

위의 계단에서 아래 계단의 수를 빼어 내려오며 마지막 계단의 수를 구해 보세요.

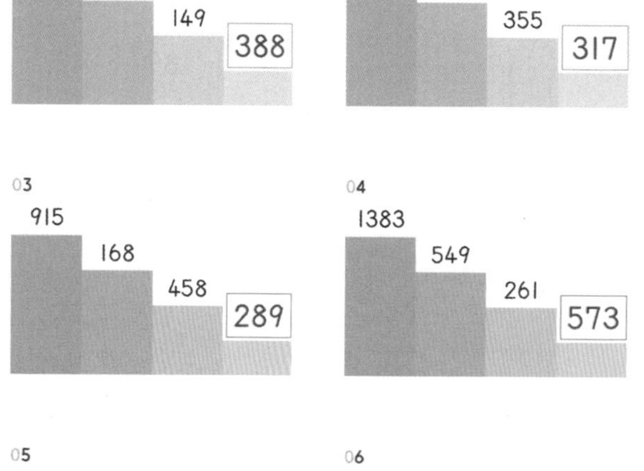

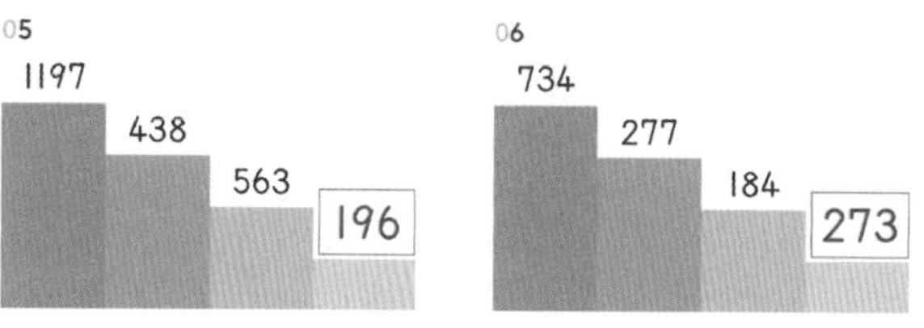

세 수의 덧셈과 뺄셈 2

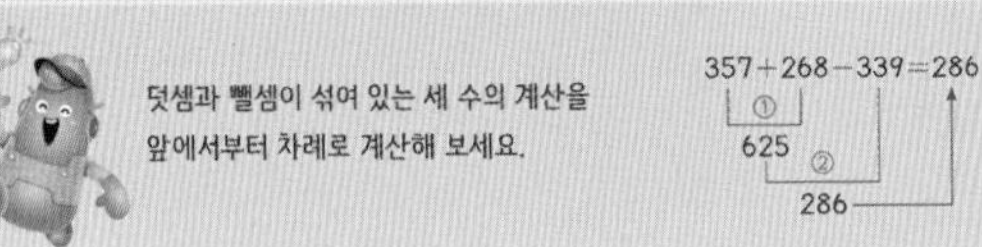

덧셈과 뺄셈이 섞여 있는 세 수의 계산을
앞에서부터 차례로 계산해 보세요.

$$357 + 268 - 339 = 286$$
① 625
② 286

01 129 + 344 - 136 계산하기

$$129 + 344 - 136 = \boxed{337}$$

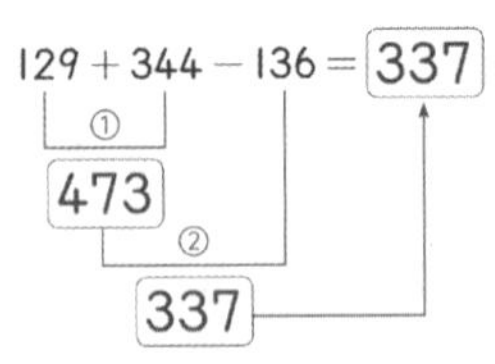

① 473
② 337

02 335 + 449 - 295 계산하기

$$335 + 449 - 295 = \boxed{489}$$

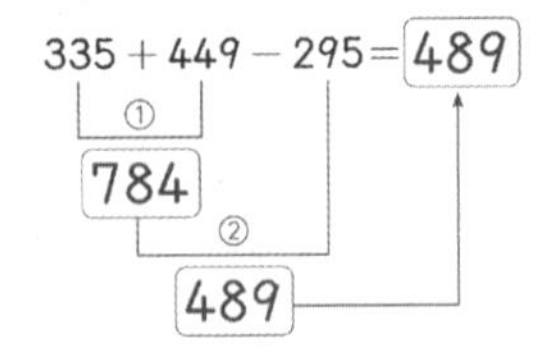

① 784
② 489

03 774 - 236 + 147 계산하기

$$774 - 236 + 147 = \boxed{685}$$

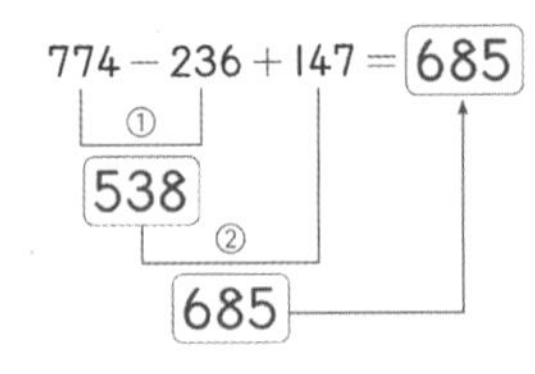

① 538
② 685

04 992 - 716 + 491 계산하기

$$992 - 716 + 491 = \boxed{767}$$

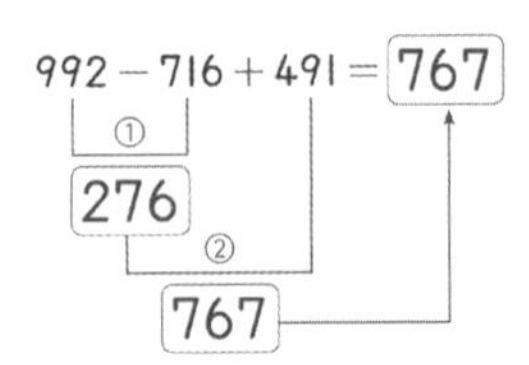

앞에서부터 차례로 세 수의
덧셈과 뺄셈을 해 보세요.

$$357 + 268 - 339 = 286$$
625
286

01 $368 + 391 - 268 = \boxed{491}$

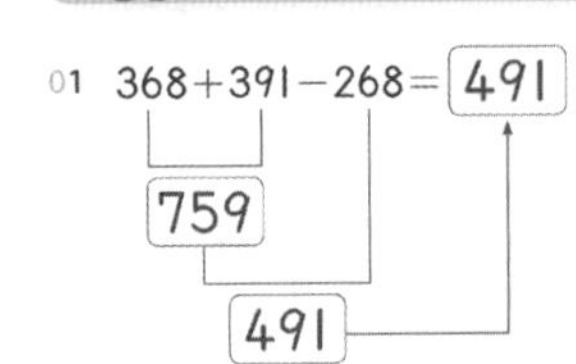

759
491

02 $275 + 198 - 284 = \boxed{189}$

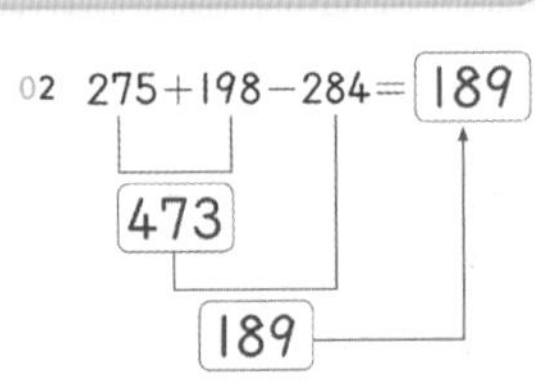

473
189

03 $356 + 268 - 178 = \boxed{446}$

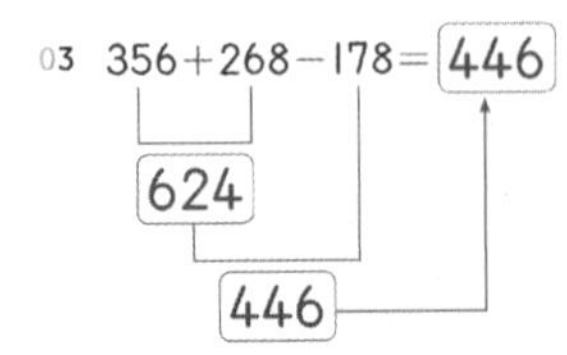

624
446

04 $764 - 528 + 605 = \boxed{841}$

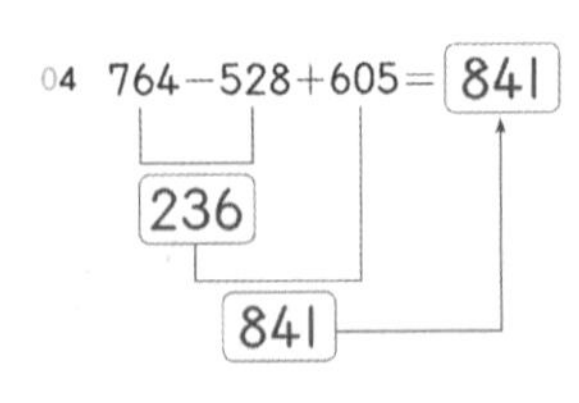

236
841

05 $365 + 577 - 709 = \boxed{233}$

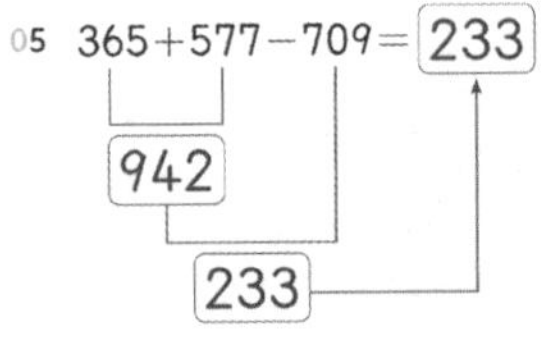

942
233

06 $188 + 659 - 269 = \boxed{578}$

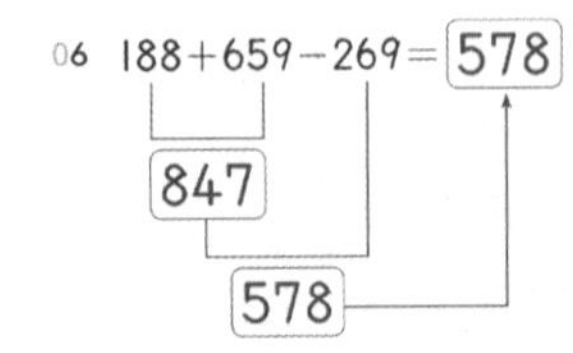

847
578

07 $937 - 368 + 147 = \boxed{716}$

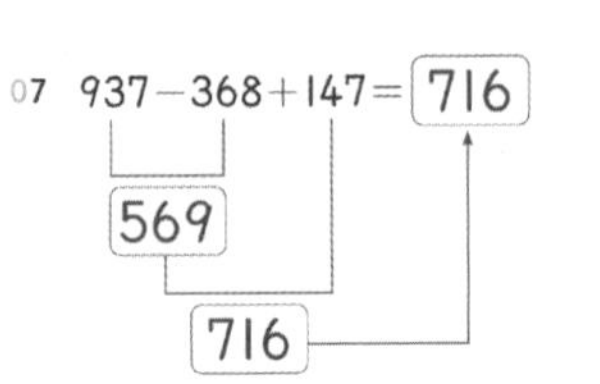

569
716

08 $582 - 287 + 693 = \boxed{988}$

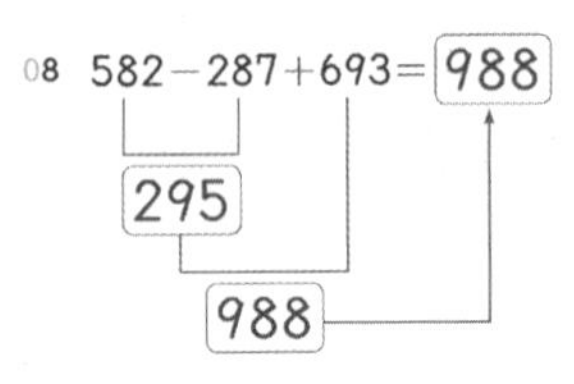

295
988

09 $647 + 346 - 575 = \boxed{418}$

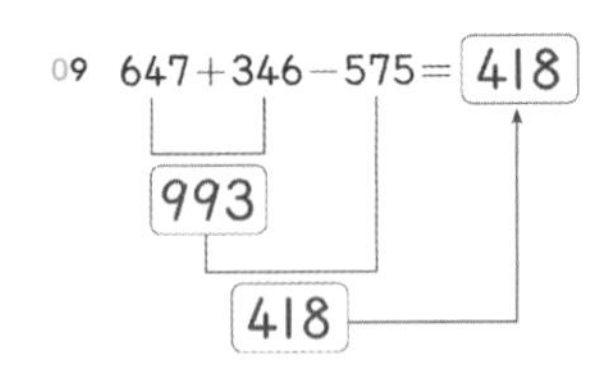

993
418

10 $965 - 758 + 496 = \boxed{703}$

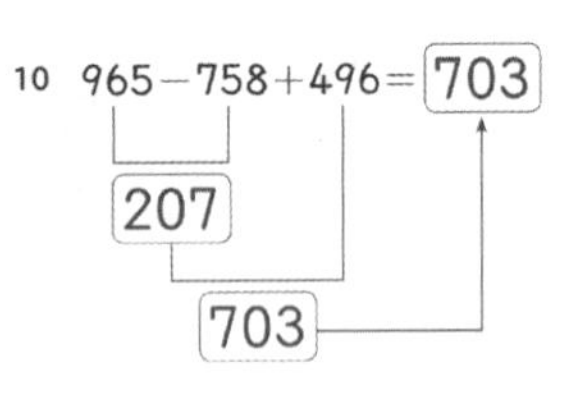

207
703

11 $856 - 279 + 324 = \boxed{901}$

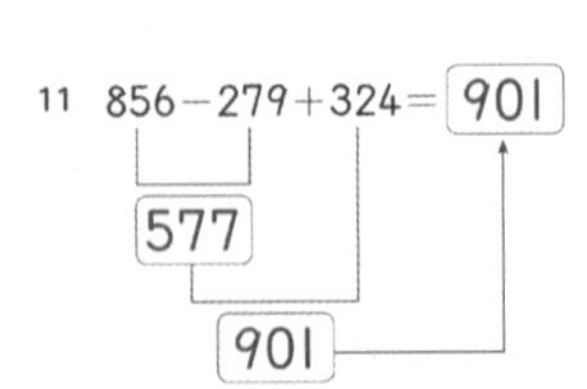

577
901

12 $776 - 587 + 542 = \boxed{731}$

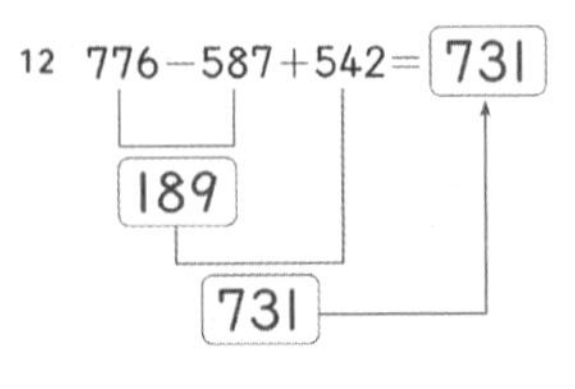

189
731

13 $487 + 369 - 478 = \boxed{378}$

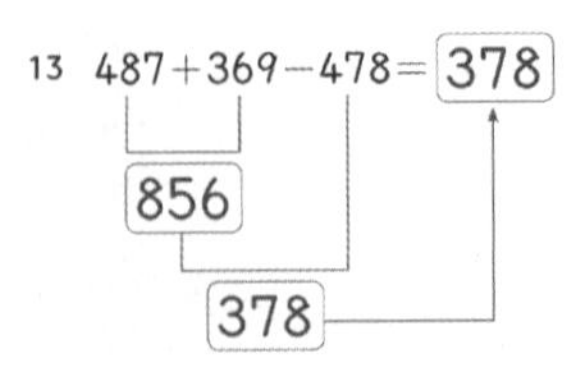

856
378

14 $378 + 362 - 183 = \boxed{557}$

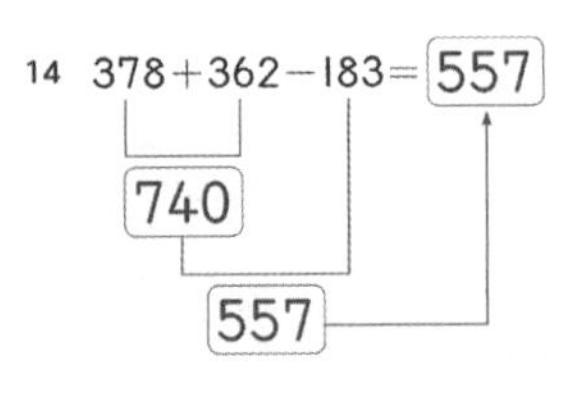

p.098~099

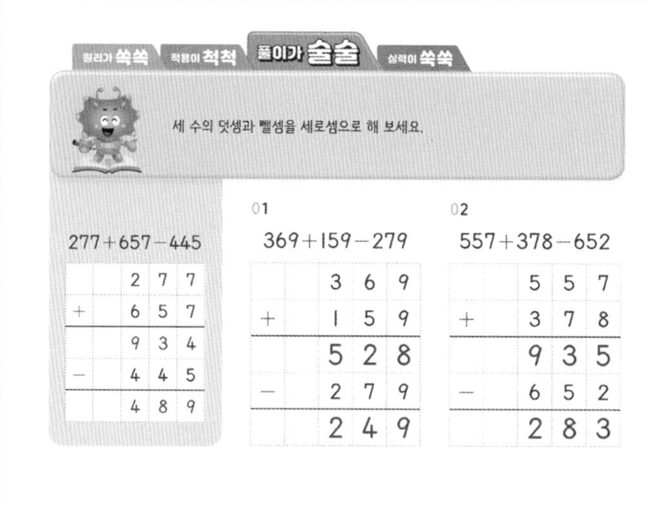

03 1525−857+347
1525 − 857 = 668
668 + 347 = 1015

04 1245−787+797
1245 − 787 = 458
458 + 797 = 1255

05 1242−474+290
1242 − 474 = 768
768 + 290 = 1058

06 562+578−794
562 + 578 = 1140
1140 − 794 = 346

07 465+577−123
465 + 577 = 1042
1042 − 123 = 919

08 991+559−954
991 + 559 = 1550
1550 − 954 = 596

09 1612−677+428
1612 − 677 = 935
935 + 428 = 1363

10 1173−489+850
1173 − 489 = 684
684 + 850 = 1534

11 1256−787+713
1256 − 787 = 469
469 + 713 = 1182

12 558+679−386
558 + 679 = 1237
1237 − 386 = 851

13 697+958−708
697 + 958 = 1655
1655 − 708 = 947

14 388+958−617
388 + 958 = 1346
1346 − 617 = 729

p.100~101

원리가 쏙쏙 적용이 척척 풀이가 술술 실력이 쑥쑥

주어진 규칙에 맞추어 계산한 값을 구하여 ☐ 안에 써넣어 보세요.

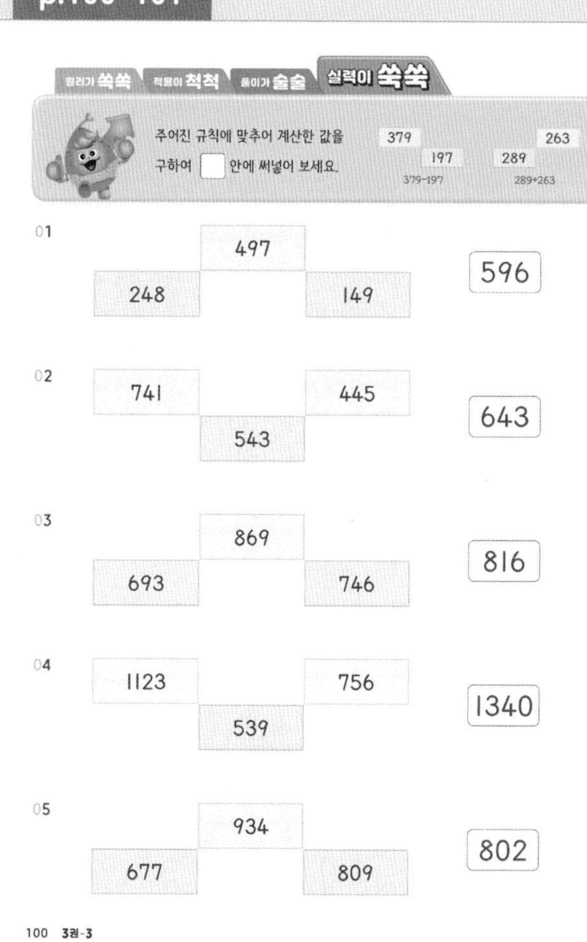

가로셈과 세로셈으로 세 수의 덧셈과 뺄셈을 해 보세요.

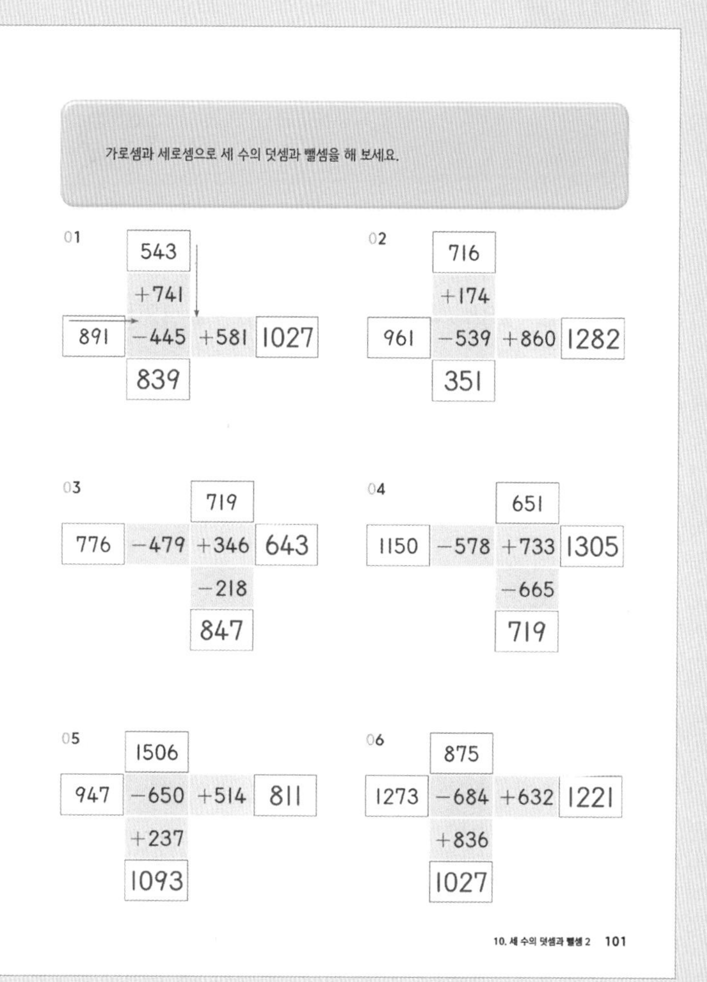

p.102~103

9~10 연산의 활용

3에서 배운 연산으로 해결해 봐요!

▶ 세 수의 덧셈과 뺄셈을 이용하여 가장 큰 수 또는 가장 작은 수로 만들어 봐요

주어진 수 중 세 수를 골라 조건에 맞게 값을 구해 보세요.

수

01 1480 534 879 345

계산 결과가 가장 큰 경우

1480 − 345 − 534 = 601

또는 1480−534−345=601

02 561 890 164 795

계산 결과가 가장 작은 경우

164 + 561 + 795 = 1520

03 647 626 724 475

계산 결과가 가장 큰 경우

724 + 647 − 475 = 896

또는 647+724−475=896

▶ 규칙에 맞게 계산해 봐요

오른쪽 규칙에 따라 덧셈과 뺄셈을 해 보세요.

▲ : +165　▲▲ : +330

▼ : −253　▼▼ : −506

규칙

01 837 ▲ ▼ = 749

02 1314 ▼▼ ▲ = 973

03 1142 ▼ ▼▼ = 383

04 740 ▲▲ ▼ = 817

p.104

▶ 문장의 뜻을 이해하며 식을 세워 봐요

이야기 속에 주어진 조건을 생각하며 세 수의 계산 식을 세우고 구해 보세요.

01 하린이는 월요일에 책을 238쪽 읽었고, 화요일에는 497쪽, 수요일에는 541쪽 읽었습니다. 하린이는 3일 동안 책을 모두 몇 쪽 읽었습니까?

식 238+497+541=1276　답 1276 쪽

02 공연이 시작되기 전에 관객이 846명 들어오고, 시작 후에 235명이 들어오고, 끝나기 10분 전에 146명이 나갔습니다. 공연장에 관객은 몇 명 남아 있습니까?

식 846+235−146=935　답 935 명

03 공을 만드는 공장에서 오늘 오전에 1062개를 만들고, 불량품 173개를 버린 후에 오후에 267개를 만들었습니다. 오늘 만든 정상품 공은 모두 몇 개입니까?

식 1062−173+267=1156　답 1156 개

04 어느 사무실에서 A4 용지 1500장 중 지난 달에는 467장, 이번 달에는 391장을 사용했습니다. 남은 A4 용지는 몇 장입니까?

식 1500−467−391=642　답 642 장

p.109

시간의 합과 차 - 분, 초

원리가 쏙쏙 | 적용이 척척 | 풀이가 술술 | 실력이 쑥쑥

분과 초의 관계를 이용하여 분은 분 단위끼리, 초는 초 단위끼리 더하고 빼요.

60초 = 1분
→ 75초 = 60초 + 15초
= 1분 15초

01
7 분 15 초
+ 8 분 15 초
[15] 분 [30] 초

02
11 분 30 초
− 5 분 13 초
[6] 분 [17] 초

03
29초 + 39초 = [68] 초
= [1] 분 [8] 초

[1]
3 분 29 초
+ 6 분 39 초
[10] 분 [8] 초

04
1분 = [60] 초

[19] [60]
~~20~~ 분 30 초
− 12 분 56 초
[7] 분 [34] 초

p.110~111

원리가 쏙쏙 | 적용이 척척 | 풀이가 술술 | 실력이 쑥쑥

분 단위와 초 단위를 맞추어 시간의 합과 차를 구해 보세요.

1
3 분 30 초
+ 4 분 40 초
8 분 10 초

7 60
~~8~~ 분 11 초
− 5 분 17 초
2 분 54 초

01
15 분 20 초
+ 5 분 13 초
[20] 분 [33] 초

02
33 분 47 초
− 16 분 24 초
[17] 분 [23] 초

03
[1]
12 분 45 초
+ 8 분 39 초
[21] 분 [24] 초

04
[25] [60]
~~26~~ 분 13 초
− 8 분 39 초
[17] 분 [34] 초

05
20 분 18 초
+ 22 분 24 초
[42] 분 [42] 초

06
30 분 44 초
− 6 분 17 초
[24] 분 [27] 초

07
[1]
15 분 19 초
+ 17 분 48 초
[33] 분 [7] 초

08
[28] [60]
29 분 15 초
− 13 분 22 초
[15] 분 [53] 초

09
31 분 17 초
+ 14 분 14 초
[45] 분 [31] 초

10
54 분 43 초
− 35 분 26 초
[19] 분 [17] 초

11
[1]
11 분 54 초
+ 29 분 34 초
[41] 분 [28] 초

12
[42] [60]
43 분 29 초
− 15 분 39 초
[27] 분 [50] 초

13
16 분 15 초
+ 39 분 26 초
[55] 분 [41] 초

14
[57] [60]
58 분 16 초
− 43 분 37 초
[14] 분 [39] 초

p.112~113

원리가 쏙쏙 | 적용이 척척 | 풀이가 술술 | 실력이 쑥쑥

시간의 합과 차를 계산해 보세요.
계산 결과에는 단위를 반드시 적어야 해요.

	3 분	30 초
+	4 분	40 초
	8 분	10 초

01
20 분 8 초 + 14 분 24 초 = 34 분 32 초

02
43 분 51 초 − 19 분 28 초 = 24 분 23 초

03
12 분 35 초 + 27 분 49 초 = 40 분 24 초

04
54 분 26 초 − 44 분 39 초 = 9 분 47 초

05
14 분 38 초 + 10 분 39 초 = 25 분 17 초

06
54 분 46 초 − 21 분 35 초 = 33 분 11 초

07
32 분 48 초 + 9 분 44 초 = 42 분 32 초

08
40 분 10 초 − 17 분 27 초 = 22 분 43 초

09
16 분 36 초 + 28 분 45 초 = 45 분 21 초

10
15 분 28 초 − 3 분 44 초 = 11 분 44 초

11
25 분 28 초 + 26 분 15 초 = 51 분 43 초

12
31 분 16 초 − 13 분 22 초 = 17 분 54 초

13
19 분 33 초 + 27 분 37 초 = 47 분 10 초

14
39 분 12 초 − 13 분 34 초 = 25 분 38 초

15
16 분 36 초 + 7 분 53 초 = 24 분 29 초

16
50 분 36 초 − 22 분 38 초 = 27 분 58 초

p.114~115

원리가 쏙쏙 | 적용이 척척 | 풀이가 술술 | 실력이 쑥쑥

친구들이 산에 올랐다가 내려오는데 걸린 시간의 합을 구해 보세요.

01

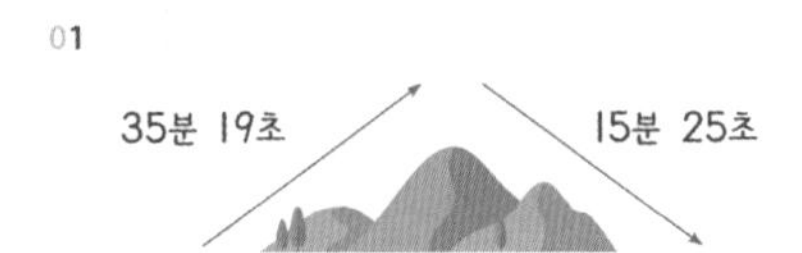

02

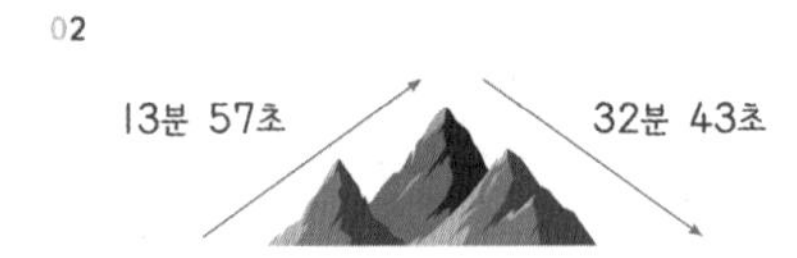

03

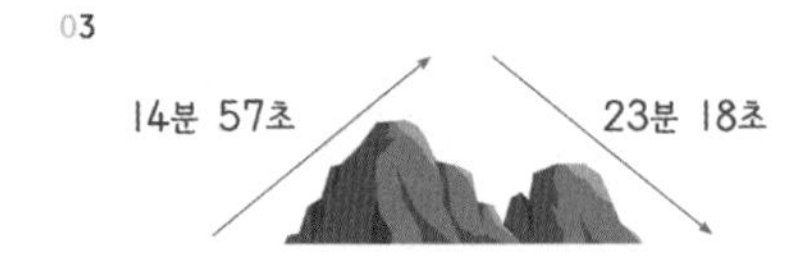

04

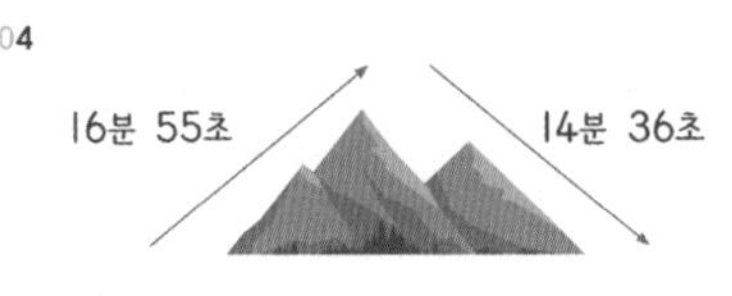

두 친구들이 걸어가는데 걸린 시간의 차를 구해 보세요.

01

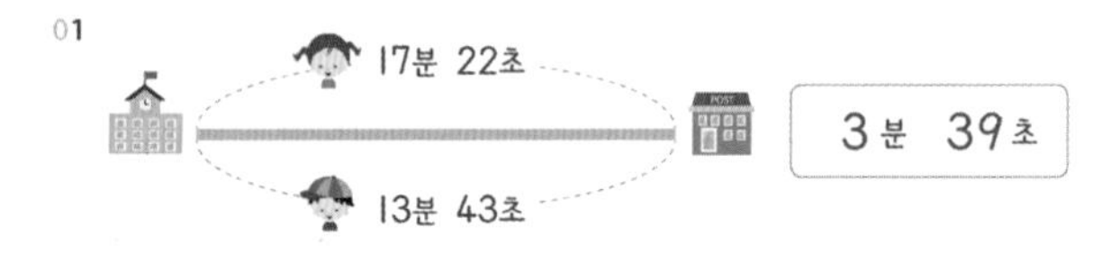

02

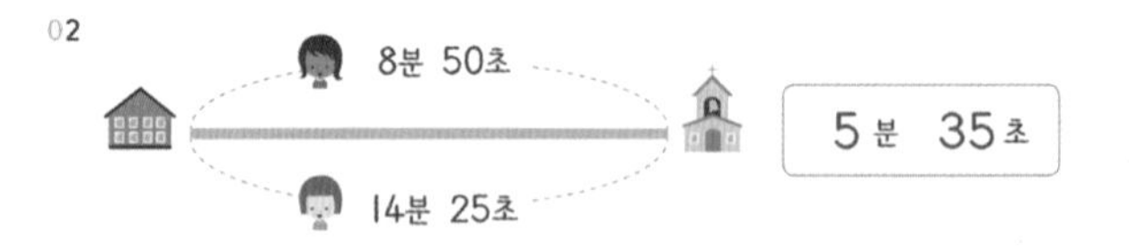

03

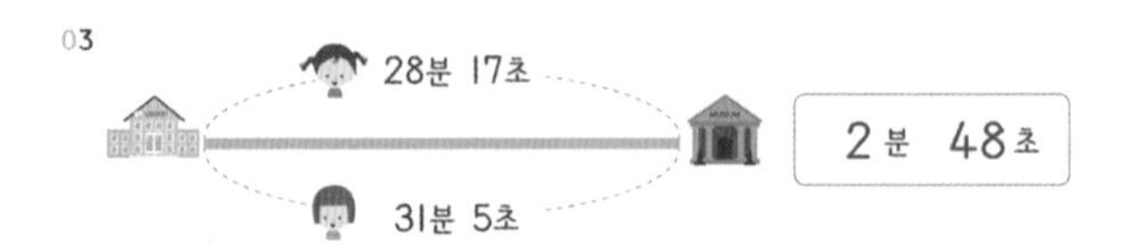

04

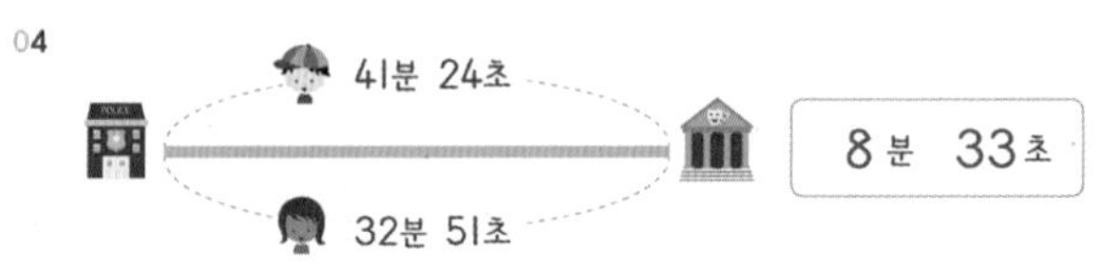

p.117

12 시간의 합과 차 – 시, 분, 초

원리가 쏙쏙 적용이 척척 풀이가 술술 실력이 쑥쑥

시, 분, 초의 관계를 이용하여 같은 단위끼리 계산해요.

60초=1분
→75초=60초+15초
=1분 15초

60분=1시간
→67분=60분+7분
=1시간 7분

01
5 시 25 분 26 초
+ 4 시간 7 분 11 초
9 시 32 분 37 초

02
8 시 32 분 55 초
− 6 시간 16 분 30 초
2 시 16 분 25 초

03
27초+47초=74초
=1분 14초

1분+32분+44분
=77분=1시간 17분

(1) (1)
7 시 32 분 27 초
+ 3 시간 44 분 47 초
11 시 17 분 14 초

04
1분=60초

1시간=60분

(7) (60 / 14) (60)
~~8~~ 시 ~~15~~ 분 9 초
− 4 시간 30 분 16 초
3 시 44 분 53 초

p.118~119

원리가 쏙쏙 적용이 척척 풀이가 술술 실력이 쑥쑥

시, 분, 초 단위를 맞추어 시간의 합과 차를 구해 보세요.

(1) (1)
1 시 34 분 12 초
+ 3 시간 31 분 49 초
5 시 6 분 1 초

(9) (60 / 28) (60)
~~10~~ 시 ~~29~~ 분 24 초
− 2 시간 46 분 48 초
7 시 42 분 36 초

01
3 시 12 분 33 초
+ 5 시간 22 분 11 초
8 시 34 분 44 초

02
8 시 22 분 31 초
− 4 시간 16 분 24 초
4 시 6 분 7 초

03
4 시 9 분 14 초
+ 2 시간 11 분 27 초
6 시 20 분 41 초

04
(8) (60 / 12) (60)
~~9~~ 시 ~~13~~ 분 36 초
− 3 시간 59 분 46 초
5 시 13 분 50 초

05
(1)
3 시 29 분 55 초
+ 5 시간 17 분 34 초
8 시 47 분 29 초

06
(6) (60)
7 시간 24 분 21 초
− 3 시간 56 분 14 초
3 시간 28 분 7 초

07
(1) (1)
4 시간 51 분 45 초
+ 8 시간 38 분 46 초
13 시간 30 분 31 초

08
(11) (60 / 19) (60)
12 시간 20 분 33 초
− 7 시간 57 분 55 초
4 시간 22 분 38 초

09
(1)
5 시 52 분 10 초
+ 2 시간 50 분 43 초
8 시 42 분 53 초

10
(10) (60 / 14) (60)
11 시간 15 분 21 초
− 4 시간 44 분 33 초
6 시간 30 분 48 초

11
(1) (1)
7 시간 43 분 34 초
+ 6 시간 47 분 51 초
14 시간 31 분 25 초

12
(8) (60)
9 시 13 분 50 초
− 3 시 53 분 11 초
5 시간 20 분 39 초

13
(1) (1)
10 시간 27 분 30 초
+ 9 시간 46 분 38 초
20 시간 14 분 8 초

14
(7) (60 / 24) (60)
8 시 25 분 17 초
− 6 시 32 분 45 초
1 시간 52 분 32 초

p.120~121

원리가 쑥쑥 | 적용이 척척 | **풀이가 술술** | 실력이 쑥쑥

시간의 합과 차를 계산해 보세요. 계산 결과에는 단위를 반드시 적어야 해요.

(시각)+(시간)=(시각), (시간)+(시간)=(시간)
(시각)−(시간)=(시각), (시각)−(시각)=(시간), (시간)−(시간)=(시간)

01
4 시간 29 분 36 초
+ 5 시간 19 분 30 초
9 시간 49 분 6 초

02
4 시간 46 분 40 초
− 2 시간 14 분 29 초
2 시간 32 분 11 초

03
2 시 20 분 49 초
+ 7 시간 15 분 27 초
9 시 36 분 16 초

04
11 시 19 분 37 초
− 7 시간 56 분 14 초
3 시 23 분 23 초

05
3 시 33 분 16 초
+ 4 시간 30 분 30 초
8 시 3 분 46 초

06
16 시 9 분 22 초
− 7 시 33 분 49 초
8 시간 35 분 33 초

07
13 시간 24 분 24 초
+ 9 시간 34 분 36 초
22 시간 59 분

08
13 시간 2 분 41 초
− 7 시간 10 분 23 초
5 시간 52 분 18 초

09
3 시 56 분 45 초
+ 9 시간 29 분 52 초
13 시 26 분 37 초

10
17 시간 19 분 20 초
− 11 시간 49 분 29 초
5 시간 29 분 51 초

11
8 시 31 분 28 초
+ 2 시간 39 분 12 초
11 시 10 분 40 초

12
8 시 46 분 30 초
− 4 시간 57 분 38 초
3 시 48 분 52 초

13
9 시간 31 분 27 초
+ 5 시간 50 분 53 초
15 시간 22 분 20 초

14
9 시 10 분 10 초
− 4 시 52 분 51 초
4 시간 17 분 19 초

15
11 시간 43 분 25 초
+ 8 시간 25 분 28 초
20 시간 8 분 53 초

16
9 시 26 분 24 초
− 3 시간 45 분 32 초
5 시 40 분 52 초

p.122~123

원리가 쑥쑥 | 적용이 척척 | 풀이가 술술 | **실력이 쑥쑥**

쑥쑥이의 어느 주말 일과의 한 부분이에요. 각 빈칸에 걸린 시간을 구해 보세요.

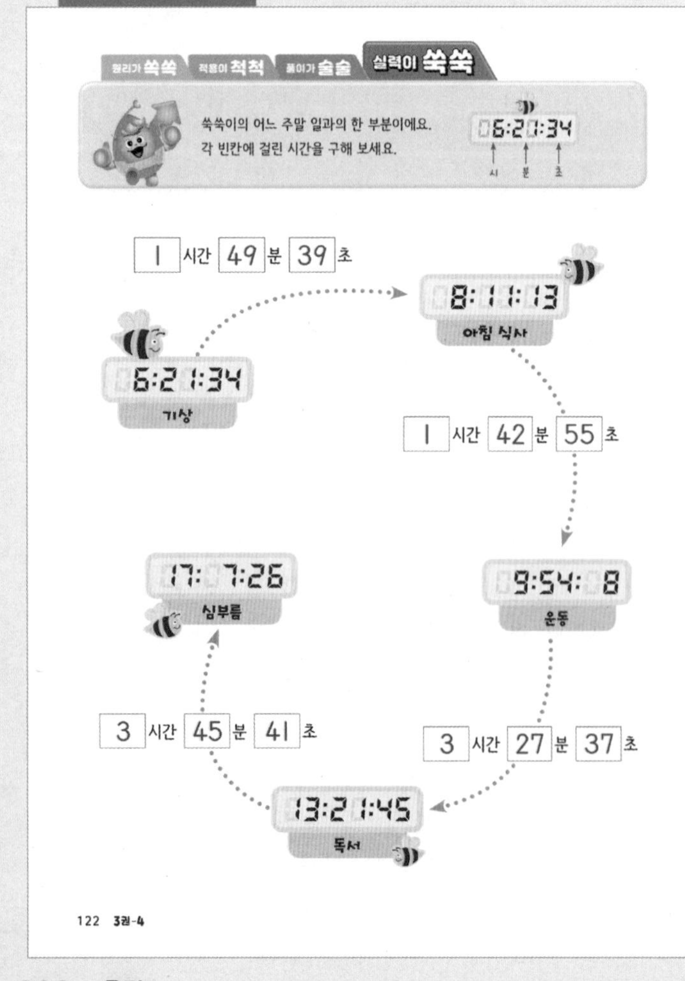

쑥쑥이가 시계 보기 놀이를 하고 있어요. 주어진 시각과 시간을 보고 빈칸에 알맞은 수를 써넣어 보세요.

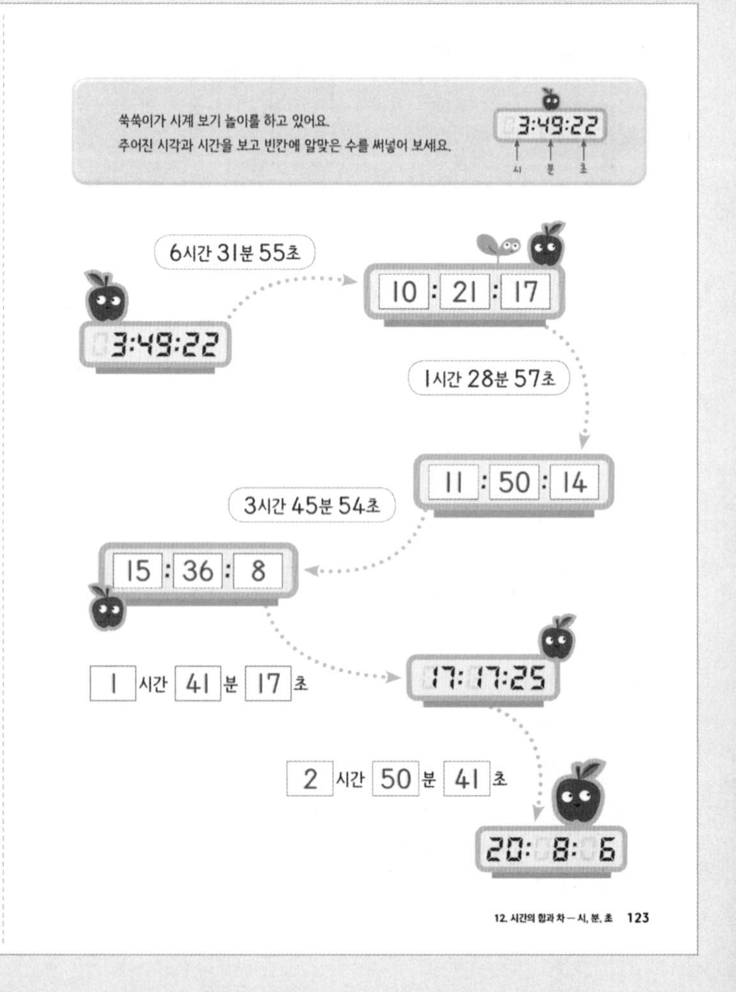

p.124~125

11~12 연산의 활용

4에서 배운 연산으로 해결해 봐요!

▶ **가장 크고 작은 시간의 합과 차를 구해 봐요.**
주어진 두 시각을 골라서 조건에 맞게 식을 세워 보세요. 모두 오후 시각이에요.

수

9시 42분 14초 3시 39분 53초 11시 31분 25초 7시 55분 32초

01 두 시각을 골라서 시간의 차가 가장 크게 식을 세우고 차를 구해 보세요.

	11 시	31 분	25 초
−	3 시	39 분	53 초
	7 시간	51 분	32 초

02 두 시각을 골라서 시간의 차가 가장 작은 식을 세우고 차를 구해 보세요.

	9 시	42 분	14 초
−	7 시	55 분	32 초
	1 시간	46 분	42 초

03 01과 02에서 구한 두 시간의 합을 구해 보세요.

	7 시간	51 분	32 초
+	1 시간	46 분	42 초
	9 시간	38 분	14 초

124　3권-4

▶ **규칙에 맞게 계산해 봐요**　＞: +20초　ⅴ: -30초
오른쪽 규칙에 따라 시간의　＞＞: +33분 22초　ⅴⅴ: -44분 33초　규칙
합과 차를 계산해 보세요.

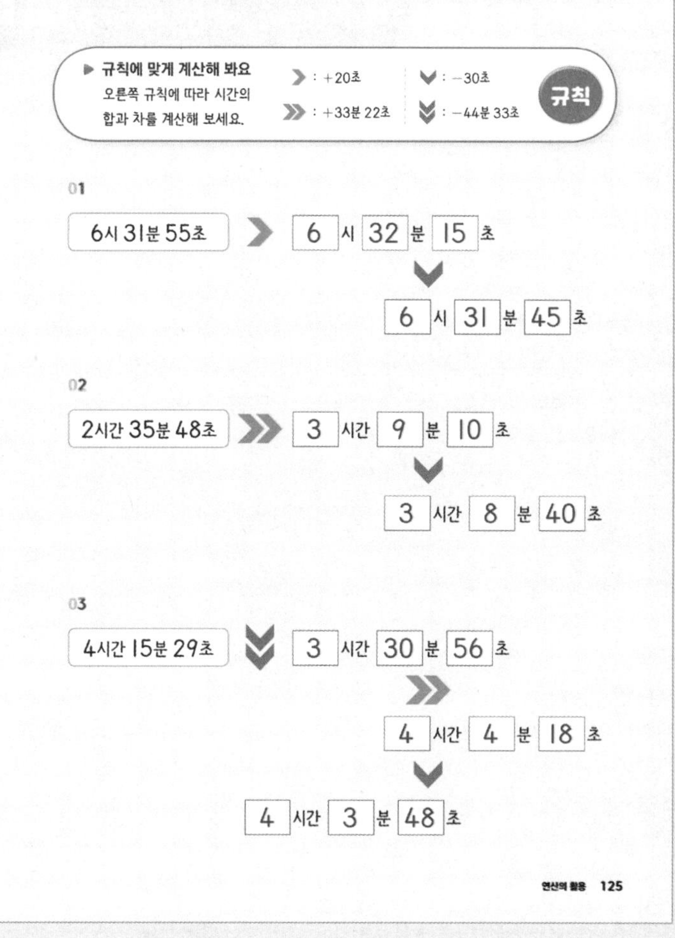

p.126

▶ **문장의 뜻을 이해하며 식을 세워 봐요**
이야기 속에 주어진 조건을 생각하며 식을 세우고 답을 구해 보세요.

01 서영이는 9시 20분 45초에 수학 문제를 풀기 시작하여 1시간 47분 38초 동안 모두 다 풀었습니다. 수학 문제 풀기가 끝난 시각은 몇 시 몇 분 몇 초입니까?

식 9시 20분 45초+1시간 47분 38초=11시 8분 23초

답 11 시 8 분 23 초

02 지훈이는 아빠와 극장에 4시 47분 55초에 입장하여 7시 13분 10초에 나왔습니다. 극장에 머무른 시간은 몇 시간 몇 분 몇 초입니까?

식 7시 13분 10초−4시 47분 55초=2시간 25분 15초

답 2 시간 25 분 15 초

03 윤설이와 도윤이가 방학 때 비행기를 탄 시간은 각각 윤설이는 12시간 13분 11초, 도윤이는 7시간 26분 52초입니다. 누가 얼만큼 더 오래 탔습니까?

식 12시간 13분 11초−7시간 26분 52초=4시간 46분 19초

답 윤설 , 4 시간 46 분 19 초

04 어제는 4시간 12분 18초 동안 비가 내렸고, 오늘은 5시간 52분 37초 동안 비가 내렸습니다. 이틀 동안 비가 내린 시간은 몇 시간 몇 분 몇 초입니까?

식 4시간 12분 18초+5시간 52분 37초=10시간 4분 55초

답 10 시간 4 분 55 초

MEMO

MEMO

MEMO